国家“十二五”科技支撑计划项目
内蒙古师范大学学术著作出版基金
内蒙古自治区自然科学基金项目
内蒙古自治区高等学校科学研究项目
共同资助出版

# 乌梁素海生态安全调查与评估

张丽华　著

**图书在版编目(CIP)数据**

乌梁素海生态安全调查与评估 / 张丽华著. -- 北京：气象出版社，2016.4

ISBN 978-7-5029-6340-8

Ⅰ.①乌… Ⅱ.①张… Ⅲ.①淡水湖-生态安全-调查研究-乌拉特前旗②淡水湖-生态安全-生态环境评价-研究-乌拉特前旗 Ⅳ.①X321.226.4

中国版本图书馆 CIP 数据核字(2016)第 083950 号

Wuliangsuhai Shengtai Anquan Diaocha Yu Pinggu

**乌梁素海生态安全调查与评估**

---

**出版发行**：气象出版社

**地　　址**：北京市海淀区中关村南大街 46 号　　**邮政编码**：100081

**电　　话**：010-68407112(总编室)　010-68409198(发行部)

**网　　址**：http://www.qxcbs.com　　**E-mail**：qxcbs@cma.gov.cn

**责任编辑**：张盼娟　　**终　　审**：邵俊年

**责任校对**：王丽梅　　**责任技编**：赵相宁

**封面设计**：博雅思企划

**印　　刷**：北京中石油彩色印刷有限责任公司

**开　　本**：710 mm×1000 mm　1/16　　**印　　张**：10.75

**字　　数**：205 千字　　**彩　　插**：1

**版　　次**：2016 年 4 月第 1 版　　**印　　次**：2016 年 4 月第 1 次印刷

**定　　价**：35.00 元

---

# 前 言

2007年6月10日时任国务院总理温家宝作出专门批示，要求“对我国几大湖泊的生态安全问题，要逐一进行评价，并提出综合治理措施”。同年7月，由环境保护部牵头，会同地方政府、国家发改委、水利部组成共同领导小组，选择全国优势单位和专家组成项目实施单位，启动了“全国重点湖泊水库生态安全调查及评估”专项。项目针对湖泊水库“生态安全状态评估”和“提出综合治理措施”两个关键问题，安排开展全国重点湖泊水库生态安全调查及评估工作。

内蒙古自治区乌梁素海是全世界范围内半荒漠地区极为少见的具有很高生态效益的多功能湖泊，目前湖区近一半的水面被芦苇覆盖，其余的水面也被水草覆盖，使乌梁素海成为典型的草藻型富营养化湖泊。乌梁素海因其在黄河流域独特的地理位置而具有重要的生态功能，不仅是河套灌区的唯一受纳水体和排水通道，也是黄河枯水期主要水源补给库，在当地社会经济发展与生态环境保护中占有十分重要的地位，具有重要的科学研究价值。因此，要对乌梁素海进行可持续利用，就必须加强对湖泊水环境的研究与治理工作，不断建设和完善该湖泊的生态安全与健康评估系统。乌梁素海曾被国家环境保护部作为“全国重点湖泊水库安全调查及评估Ⅲ期项目”的试点湖泊之一，要求进行生态安全调查及评估。本书的内容是继“我国九大重点湖库生态安全评估及综合治理项目”后，针对典型区域典型草藻型湖泊进行生态安全调查及评估工作的总结。

本书在总结过去研究工作的基础上，阐述了对乌梁素海生态展开的调查、评估以及乌梁素海生态安全问题的防范措施及建议，为乌梁素海的生态环境保护提供理论基础。全书共分为11章。第1章是乌梁素海及其流域概况；第2—4章是对乌梁素海生态的相关调查；第5—9章是乌梁素海生态的相关评估；第10章是基于遥感数据的乌梁素海“黄苔”监测与预警研究；第11章是乌梁素海生态安全存在的问题及相关预防措施和建议。

希望通过本书的出版，为乌梁素海“黄苔”的防治提供理论依据，为乌梁素海的生态安全贡献一份力量，祝愿我们能早日看到乌梁素海更加清澈的模样。

本书的研究工作得到了国家“十二五”科技支撑计划项目(2013BAK05B01)和内蒙古师范大学学术著作出版基金的经费资助，课题来源于内蒙古自治区高等学校科学研究项目(NJZY11072和NJZZ16041)、内蒙古自治区自然科学基金项目(2013MS0615和2016MS0408)和中华人民共和国环境保护部全国重点湖泊水库生态安全调查及评估专项Ⅲ期项目(WFYS-2010-1-HP-01)。特此向支持和关心作者研究工作的所有单位和个人表示衷心的感谢。

本书完成过程中得到内蒙古自治区环境科学研究院于长水老师的精心指导，对于老师的精心指导表示感谢；作者还要感谢北京师范大学水科学研究院院长王金生教授、博士后合作导师滕彦国教授和内蒙古师范大学地理科学学院海春兴教授的悉心指导；在成书过程中研究生孙川、徐锟、武捷春、戴学芳、薛慧等参与了专著的校稿等检查工作，对他们付出的辛劳表示感谢；同时还要感谢气象出版社为本书出版所付出的辛勤劳动。

由于本书用到了许多较新的理论与方法，再加上作者水平有限，虽经几次修改，但书中不足在所难免，希望广大读者不吝赐教。

著　者

2016年3月

于内蒙古师范大学

# 目　　录

# 1　乌梁素海及其流域概况

乌梁素海是全球同纬度地区内最大的自然湿地，是中国的第八大淡水湖泊，是内蒙古干旱区最为典型的浅水草藻型湖泊，是黄河中上游重要的保水、蓄水和调水场地，也是全球范围内荒漠半荒漠地区极为少见的具有生物多样性和生态作用的大型草藻型湖泊。本章对乌梁素海自然生态环境、水利条件以及水文水动力特点进行了简要介绍。

## 1.1　乌梁素海自然生态环境特点

乌梁素海地处内蒙古自治区，在巴彦淖尔市乌拉特前旗境内，也就是河套平原的最南端，如图 1-1 所示。该湖东面是乌拉山洪积阶地，向西向南皆为黄河北岸的冲积平原，北面是狼山南麓山前冲积平原。其地理坐标为北纬 40°36′—41°03′，东经 108°43′—108°57′。

图 1-1　乌梁素海地理位置图

乌梁素海流域内部地貌形态包括山麓阶地、山前冲洪积平原、黄河冲积湖积平原及风成沙丘。黄河冲积湖积平原是河套平原的主体，土壤由细砂、粉砂、亚砂土和亚黏土组成。黄河故道上有沉积物分布，土质较粗，以砂质沉积物为主。在黄河沉积分选的作用下，乌梁素海流域土质有由西向东颗粒渐细的分布趋势。风积物在本区的分布也很广泛，有些流动沙丘高度在 2～20 m；半固定沙丘高 1～2 m；固定沙丘很平缓，呈波状起伏，长满沙蓬等耐旱植物。风蚀洼地主要分布于西北东南一线，一般面积为 0.5～2 $km^2$，深 0.5 m 左右。山前冲洪积平原介于黄河冲积平原与山麓洪积平原之间，组成物质以砂砾、碎石和砂为主，常夹有黏质砂土。在此地带也有许多沙丘，高度一般在 8 m 左右，丘间洼地一般在 1 $km^2$ 以内，多生长喜湿性植物，因而沙地趋于稳定。乌梁素海流域最北端为山麓洪积平原，地形坡度较大，向南倾斜，坡度一般在 3°～7°。组成物质有明显的分带性，由洪积扇顶向下土质由粗变细，分布顺序为砾石、碎石、小砾石、粗砂、细砂、粉砂、黏质砂土和砂质黏土。在洪积扇交接处，常有南北向凹地，称为洪沟或干谷。

乌梁素海位于我国北方干旱半干旱地区，太阳辐射强、降雨稀少、蒸发强烈、干湿期差异大、昼夜温差大，并且经常出现多风和扬沙天气，湖泊所在地区四季更替明显，气温变化差异大，湖泊流域内降雨少而蒸发大，湖水于每年 11 月初结冰，直到翌年 3 月末—4 月初开始融化，冰封期约为 5 个月。根据乌梁素海所在的旗县乌拉特前旗气象站所提供的 1988—2006 年实测资料，得到乌梁素海流域的降雨、蒸发、气温、平均湿度、平均风速等基本气象因子的参数数据，如表 1-1 所示。

**表 1-1　乌梁素海流域气象因子参数**

| 项目 | 气温(℃) | 最高气温(℃) | 最低气温(℃) | 平均风速(m/s) | 日照时数(h) | 最大冻土深度(cm) | 沙尘暴日数(d) | 无霜期(d) | 降雨量(mm) | 蒸发量(mm) | 平均湿度(%) |
|---|---|---|---|---|---|---|---|---|---|---|---|
| 平均值 | 25 | 47 | −25 | 2.9 | 3203.2 | 82 | 3 | 173 | 210 | 2374.8 | 49 |
| 最小值 | 7 | 31 | −47 | 2.0 | 2966.8 | 60 | 0 | 108 | 73 | 2069.3 | 46 |
| 最大值 | 47 | 64 | −7 | 35 | 3390.2 | 100 | 14 | 217 | 330.7 | 2636.4 | 53 |

流域的水文气象条件是该区生态系统健康发展的基础，是湖泊水体中污染物质迁移转换的前提。风力特征和蒸发因素又是湖泊水体流动和变化的主要驱动力。

根据乌拉特前旗气象站 1988—2006 年实测资料，分析乌梁素海的降雨量、蒸发量、气温、平均湿度、平均风速等基本气象因子的年变化趋势，变化曲线如图 1-2 至图 1-9 所示。从图 1-5 可以看出，在乌梁素海流域，湿度范围在 45%至

53%。风向的变化随机性很大，但从整体上看，全年主要的风向为西北风和东北风，大风多在3～5月，最大风速达到27.7 m/s。全年的日照时数在3200小时左右变化。无霜期的平均天数为173天。最大冻土深度在80 cm左右变化。由于降雨少，多风且大，光热充足，年蒸发量大，从多年来的降雨蒸发总量上计算可知：多年平均蒸发量为多年平均降雨量的11.3倍左右。

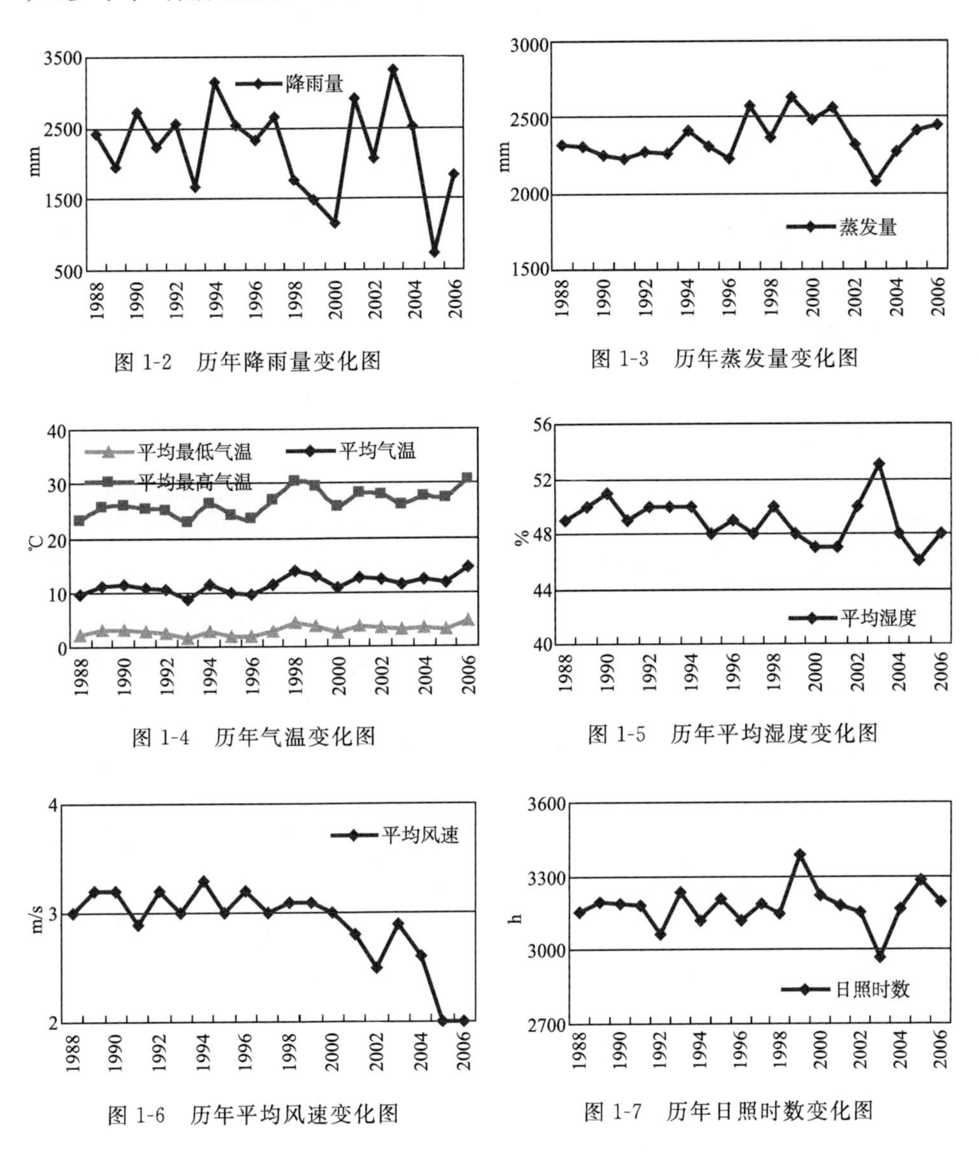


图 1-2　历年降雨量变化图

图 1-3　历年蒸发量变化图

图 1-4　历年气温变化图

图 1-5　历年平均湿度变化图

图 1-6　历年平均风速变化图

图 1-7　历年日照时数变化图

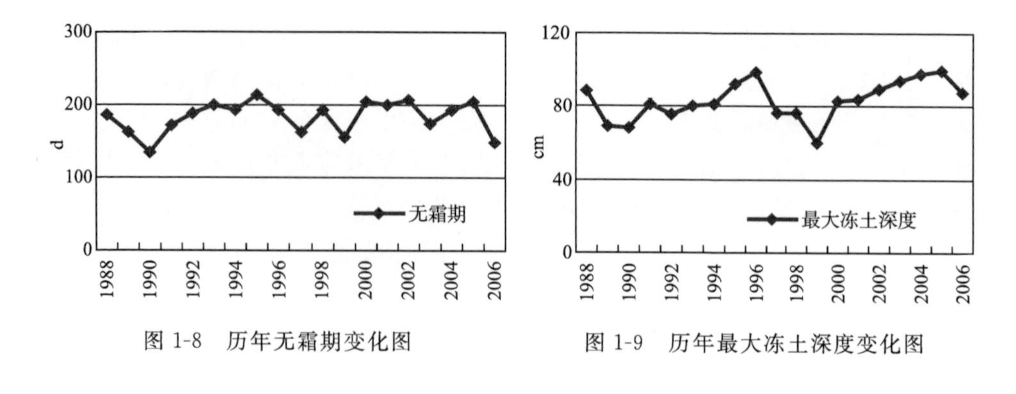


图 1-8　历年无霜期变化图　　图 1-9　历年最大冻土深度变化图

## 1.2　乌梁素海水利条件

河套灌区位于内蒙古自治区巴彦淖尔市南部，西与乌兰布和沙漠相接，东邻包头，南邻黄河，北抵阴山，是全国三个特大型灌区之一。现引黄灌溉面积 861 万亩*，其中农田 787 万亩、林草地 74 万亩。河套灌区从西到东分为三部分：西端为保尔套勒盖灌区，有黄河三盛公枢纽上游一干渠引水；中部为后套灌区，从三盛公总干渠引水，东到乌梁素海；东部为三湖灌区，地处乌梁素海排水渠以东。河套灌区区域图，如图 1-10 所示。

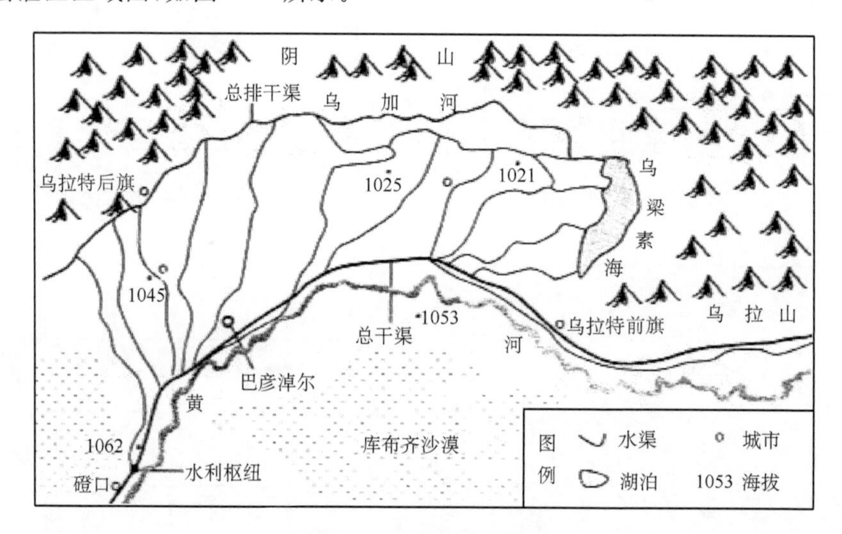


图 1-10　河套灌区区域图

河套平原的灌溉渠系，由总干渠、干渠、分干渠、支渠、斗渠、农渠、毛渠 7 级组成，灌溉用水依次由上一级供给下一级，灌溉水最后由毛渠进入田间。各级渠

* 1 亩≈666.67 $m^2$，下同。

系之间均有闸门控制水量，可人工调节。

河套灌区的排水系统与灌溉系统正好相反，由毛沟、农沟、斗沟、支沟、分干沟、干沟、总排干沟7级组成。农田灌溉后渗入地下的水经土壤过滤后依次进入毛沟、农沟、斗沟、支沟、分干沟、干沟，最后汇入总排干沟，与约200 km处的主灌溉渠平行向东通过主泵站进入乌梁素海。其中八排干和九排干的水不汇入总排干，通过各自的泵站直接排入乌梁素海。乌梁素海灌排渠道分布如图1-11所示。

乌梁素海总排干是灌区排水的主要通道，控制排水面积6448 km$^2$，占总排水面积的85%，共有汇入口115个。其中一至七排干沟接纳灌区约84%的退水（三、五、七干沟还接纳城市生活污水和工业废水），经总排干在红圪卜排水站汇入乌梁素海；八、九排干沟的排水直接汇入乌梁素海，全部为灌区农田退水，占总排水量的14%；另有十排干退水直接排入乌梁素海退水渠，约占总排水量的2%。

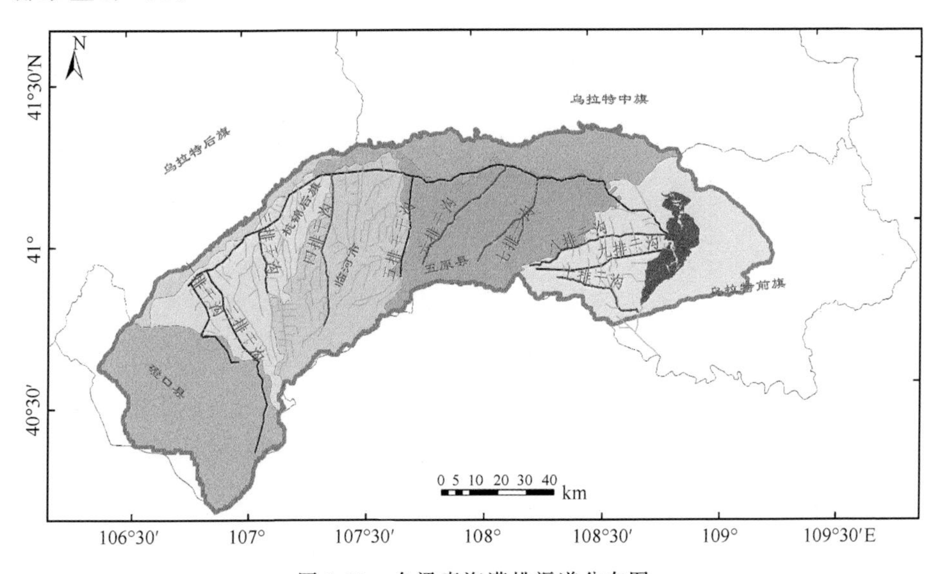


图1-11　乌梁素海灌排渠道分布图

灌区农田排水经扬水站汇入乌梁素海，其排水经过西山咀镇（乌拉特前旗的旗政府所在地）后排入黄河，对灌区排水和控制土地盐碱化起着关键作用。

由于乌梁素海位于后套冲淤积平原下游，地势最低，可直接纳入后套农业灌溉退水。其中后套灌区主要种植小麦、玉米以及小麦—玉米的套种，小面积用于种植向日葵、森林、果园、油料植物及甜菜，放牧。其农田退水及工业、生活的污废水经总排干沟、通济干渠、八排干沟、长济干渠、九排干沟、塔布干渠、十排干沟流入乌梁素海，经乌梁素海南端的西山咀镇汇入黄河，如图1-12所示。其中总排干沟汇集了很多排干的排水，是乌梁素海的水源。总排干退水占农田退水

90%以上。夹杂着大量污染物的污废水被排入乌梁素海，是乌梁素海水体的重要营养物来源。乌梁素海是内蒙古河套灌区排灌水系的重要组成部分，处于黄河河套平原末端，属黄河内蒙古段最大的湖泊，是当地农田退水、工业废水和生活污水的唯一承泄渠道，是河套农业灌区目前约 6900 km² 农田灌溉退水的唯一受纳水体和排水通道。

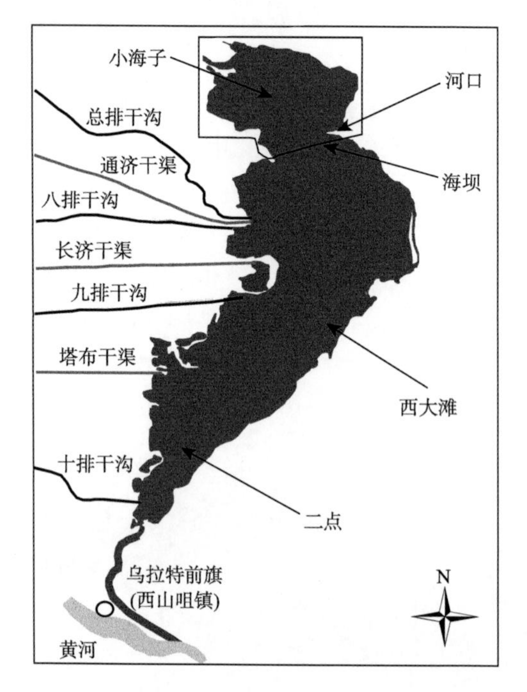


图 1-12　乌梁素海及周边放大

## 1.3　乌梁素海水文水动力特点

(1)水文条件

乌梁素海形成于 19 世纪中期，是 1850 年由黄河在大洪水后改道而形成的河迹湖，一个大的转弯被单独留了下来，也就是所谓的“U”形湖。由于狼山西部缺口，在西北风作用下，导致阿拉善沙地流沙向东蔓延，加之色尔腾山、乌拉山等流域山洪所携带泥沙的不断堆积，并不断向南扩展，促使河床不断抬高，到 1850 年将现在西山咀以北早期黄河主流隔断 15 km 左右，造成黄河主流南移，留下一段故道，形成一半弧形的长条洼地，即乌梁素海的前身。

后套平原(包括乌梁素海)海拔在 1700 m 以下，东西长 170 km，南北宽 40 km。由西南向东北微倾斜，乌梁素海为最低。地下水比降也由西南向东北逐渐减小，导致地下水流动渐趋微弱，水分上升作用渐趋增强，含盐量增大，造成土壤盐碱化。整个河套平原在地质上是一个内陆断陷盆地，乌梁素海流域受狼山旋扭构造作用，形成扇面状。沉积层在本流域地层结构中分布十分广泛，沉积层上部是冲积层、洪积层和风积层，下部是巨厚的新老第四纪湖相淤积层。

根据2005年卫星遥感影像显示，乌梁素海现有水域面积285.38 $km^2$，其中芦苇区面积为118.97 $km^2$，明水区面积为111.13 $km^2$。明水区中85.70 $km^2$为沉水植物密集区，其余为沼泽区。湖泊呈南北长、东西窄的狭长形态，其中南北长35～40 km，东西宽5～10 km，湖岸线长130 km，蓄水2.5亿～3.0亿 $m^3$。湖水深度多数区域在0.50～2.50 m之间，最深能达到4 m，多年平均水深为0.70 m。2005—2006年水域的平均水深有所增加，2005年平均水深为1.20 m，2006年平均水深为1.31 m。乌梁素海湖泊形态特征参数见表1-2，历年水域面积如表1-3所示。

**表1-2 乌梁素海多年平均形态特征参数**

| 形态特征参数 | 数值 | 形态特征参数 | 数值 |
|---|---|---|---|
| 最大直线长度 | 36 km | 岛屿率 | 6% |
| 最大宽度 | 12 km | 容积 | 3.3亿 $m^3$ |
| 平均宽度 | 8.15 km | 平均水深 | 0.7 m |
| 湖岸线发展系数 | 2.14 | 湖盆形状特征系数 | 22.1 |
| 湖周岸线长度 | 130 km | 湖水滞留时间 | 160～200 d |

**表1-3 乌梁素海历年水域面积** （单位：$km^2$）

| 年份 | 1986 | 1987 | 1993 | 1996 | 2000 | 2002 | 2004 | 2005 |
|---|---|---|---|---|---|---|---|---|
| 总水域面积 | 313.92 | 297.04 | 288.41 | 273.43 | 270.83 | 272.42 | 299.80 | 285.38 |

(2)乌梁素海水动力条件

乌梁素海位于我国多风地带，冬季和春季盛行西风或西北风，秋季和夏季则多为东南风，本节模拟无风场和典型风向下的乌梁素海流场分布情况，研究其湖流形态特征。

不考虑风场对乌梁素海流场的作用。无风场作用时，全湖区流速非常小，尤其是北部湖区几乎不存在水体流动。入出湖沟渠的水量形成的吞吐流流速也很小，平均流速小于0.001 m/s。吞吐流对于整个乌梁素海流场的影响较小，只对入出湖沟渠附近流场造成影响。

分别取3 m/s的西风、西北风和东南风为背景风对乌梁素海稳定风声流流场进行模拟。背景风是乌梁素海水流运动的主要动力源，乌梁素海的风生流主要由湖区环流组成，其水流流态主要受湖面风场影响；稳定风场作用下的乌梁素海流场主要是由环流组成的。西北风和西风作用下湖泊北部、中部形成以逆时针为主的风生环流流态，湖泊南部形成以顺时针为主的风生环流流态；东南风作用下，湖泊北部和中部形成顺时针环流，湖泊南部形成逆时针环流；流场的形态由风向决定，不同方向风场作用形成的环流流态也不相同，相反方向风场作用下的流场流态相似，流向相反。

# 2 乌梁素海生态安全与健康调查

湖泊生态安全是指在人类活动影响下维持湖泊生态系统的完整性和生态健康,为人类稳定提供生态服务功能和免于生态灾变的持续状态。在湖泊生态系统中,湖泊是主体,其水生态健康状况是系统安全的基础,因而对湖泊进行生态安全与健康调查,建立湖泊生态安全多方面评估体系,可以为湖泊管理以及污染治理提供决策依据,协调环境、社会、经济利益,对湖泊生态系统的可持续性管理以及资源的合理利用具有十分积极的意义。

2008 年 5 月中旬,乌梁素海的明水区域短时间内大量暴发"黄苔"(也称"青泥苔"、"水绵"等),暴发最厉害时"黄苔"面积高达 8 万多亩,比明水面积的 1/3 还大。2009 年 5 月下旬,乌梁素海又一次暴发"黄苔"且快速扩散,最厉害时达 1.6 万多亩,严重破坏生态环境,国家有关部门给予高度重视。2010 年 5 月中旬开始,乌梁素海暴发了比 2008 年更加严重的"黄苔",占总水域的 49.92%。乌梁素海"黄苔"的暴发给我国湖泊保护工作再一次敲响警钟:非常有必要对乌梁素海开展生态安全与健康调查,并提出保障对策建议。

## 2.1 乌梁素海水环境

### 2.1.1 乌梁素海水质

乌梁素海不仅对维护湖泊流域地区生态系统平衡起着相当重要的作用,而且也是河套灌区灌排水系的重要组成部分,灌区农田退水 90%以上最终由总排干渠道排入湖内。夹杂着大量污染物的污水、废水被排入乌梁素海后,造成乌梁素海的水体富营养化、湖泊盐化与矿化和沼泽化。目前将近一半的湖面被芦苇覆盖,其余部分的水面也被水草覆盖,使乌梁素海成为典型的草藻型水体富营养化湖泊。

河套灌区的农田排水是乌梁素海主要的补给水源,其次是工业废水和生活污水以及地表径流和降雨补给,年总补给水量为(7～9)亿 $m^3$。河套灌区化肥和农药的用量不断加大,而且化肥利用率仅为 30%左右,上游工业废水、生活污水随大量流失化肥的农田排水经不同的排水沟进入乌梁素海,每年排入乌梁素海的总氮(TN)约为 1090 t,总磷(TP)约为 66 t,使得湖中各种营养盐总和达到(56～110)万 t,农田退水中含有大量的有机物质,流域内的地表径流携带大量的牲畜排泄物及植物残骸等有机物含量较高的污染物汇入湖泊,这些都是引起灌区湖泊有机污染的主要原因。目前腐烂的各种水草和挺水植物以及各种浮游生物的残骸和碎屑正以每年 10 mm 左右的厚度堆积在湖底，由于乌梁素海氮、磷营养盐的不断富集，水草的大量生长正在加速湖泊水底的淤积，流域内水土流失严重，大量的泥沙及污染物流入湖泊，长期以来使湖底淤泥厚度不断增加；另一方面，在干旱区由于水资源短缺，灌区内农田用水与生态需水产生矛盾，使湖泊生态需水量达不到要求而致湖泊面积减小、水位降低，这些都是造成湖泊沼泽化的重要因素。据乌梁素海 2009 年的统计资料，总排水渠排入水量年平均为 4.6 亿 $m^3$，矿化度平均为 1.586 g/L，盐量为 75.13 万 t。近年来，依据入湖口水质监测，总氮(TN)含量平均为 3.2 mg/L，总磷(TP)含量平均为 0.24 mg/L，分别为国际通用判断富营养水平标准(氮：0.2 mg/L，磷：0.02 mg/L)的 16 倍和 12 倍。

《地表水环境质量标准》(GB 3838—2002)中规定，根据地面水使用目的和保护目标，中国地面水分五大类：①Ⅰ类水，主要适用于源头水、国家自然保护区；②Ⅱ类水，主要适用于集中式生活饮用水地表水源地一级保护区、珍稀水生生物栖息地、鱼虾类产场、仔稚幼鱼的索饵场等；③Ⅲ类水，主要适用于集中式生活饮用水地表水源地二级保护区、鱼虾类越冬场、洄游通道、水产养殖区等渔业水域及游泳区；④Ⅳ类水，主要适用于一般工业用水区及人体非直接接触的娱乐用水区；⑤Ⅴ类水，主要适用于农业用水区及一般景观要求水域。城市河道水达到Ⅴ类水质标准就是指城市河道的水质达到了可以适用于农业灌溉和一般景观要求的标准。

根据近年来的研究结果，由于大量有机物的排入，导致湖泊生物需氧量($BOD_5$)和化学需氧量(COD)的浓度都超过了Ⅴ类水体的标准，但在夏季乌梁素海南部有机物的浓度控制在Ⅴ类标准限值以内。

总体而言，湖泊排水口的水质比北部的好，灌溉期的水质比非灌溉期的水质好。在乌梁素海南部，总磷全年的监测值都控制在Ⅴ类标准以内；北部的监测值冬天超过Ⅴ类标准，其余时间控制在Ⅳ类至Ⅴ类水体标准之间，如表 2-1 所示。

**表 2-1 浓度和水质标准的比较** (单位：mg/L)

| 指标 | | $BOD_5$ | COD | $NH_3$-N | $NO_2$-N | $NO_3$-N | TN | TP |
|---|---|---|---|---|---|---|---|---|
| 非灌溉期 | 湖泊北部 | 12.83 | 11.56 | 9.47 | 0.03 | 0.43 | 25.15 | 0.51 |
| | 湖泊排水区 | 16.23 | 7.49 | 0.41 | 0.01 | 0.11 | 1.89 | 0.15 |
| 灌溉期 | 湖泊北部 | 10.86 | 7.55 | 2.00 | 0.18 | 0.28 | 6.91 | 0.13 |
| | 湖泊排水区 | 6.69 | 10.24 | 0.32 | 0.04 | 0.13 | 3.13 | 0.17 |

1989—2010 年乌梁素海的例行监测点位为三个，分别为乌梁素海入口(红圪卜)、湖心(二点)和出口(乌毛计)，主要监测项目包括 COD、$BOD_5$、环境监测氧参数(DO)、总磷、总氮、氨氮($NH_3$-N)的指标和矿化度及含盐量指标。乌梁素海的监测结果表明，乌梁素海水质总体持续为劣Ⅴ类。

（1）COD

由图 2-1 可知，1989—2010 年乌梁素海 COD 变化幅度较大，总体上为地表水水质标准Ⅴ类～劣Ⅴ类。1989—2010 年入口平均值变幅范围在 38～132 mg/L 之间，在地表水水质标准Ⅴ类～劣Ⅴ类之间；湖心平均值 2003 年为 26 mg/L，为地表水水质标准Ⅳ类，其余年份变幅范围在 39～111 mg/L 之间，在地表水水质标准Ⅴ类～劣Ⅴ类之间；出口平均值历年变幅在 36～142 mg/L 之间，在地表水水质标准Ⅴ类～劣Ⅴ类之间。

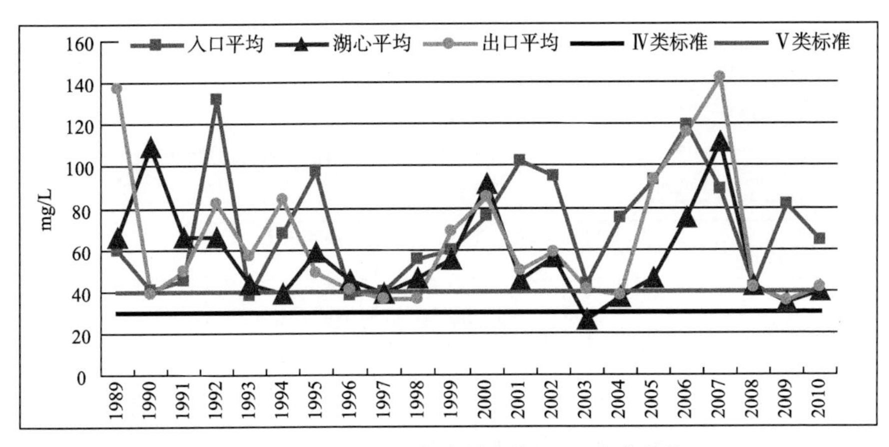


图 2-1　1989—2010 年乌梁素海 COD 变化趋势

（2）$BOD_5$

由图 2-2 可知，$BOD_5$ 值在 2007 年达到峰值，之后湖心和出口处监测值呈下降趋势，水质为地表水水质标准Ⅴ类。1999—2010 年，乌梁素海 $BOD_5$ 监测值总体上在Ⅳ类～劣Ⅴ类之间，个别年份值如 1999 年、2000 年、2006 年监测值能达到地表水水质标准Ⅰ类，即 $BOD_5$ 含量≤3 mg/L。

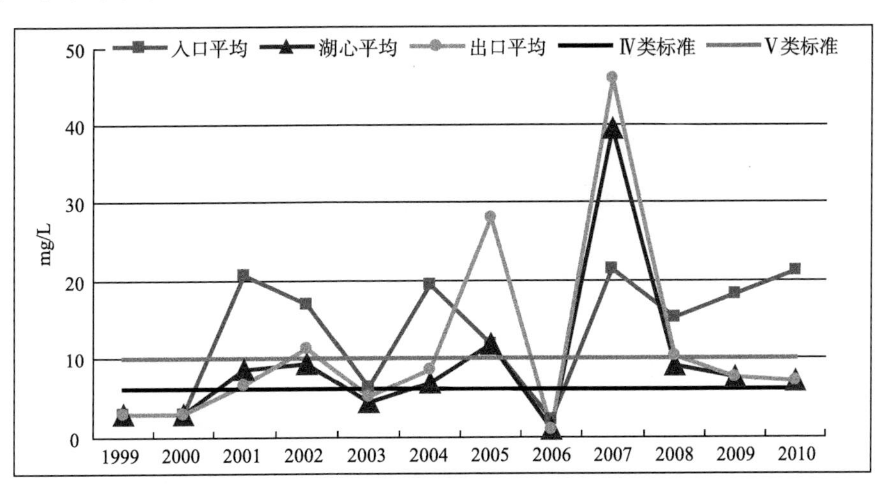


图 2-2　1999—2010 年乌梁素海 $BOD_5$ 变化趋势

(3)DO

由图 2-3 可知,1989—2003 年乌梁素海湖心及出口处 DO 监测值在地表水水质标准Ⅲ类及以上,2007—2010 年为地表水水质标准Ⅵ类;入口处 DO 监测值从 1997 年以来,除个别年份,基本上为在地表水水质标准Ⅵ类,其中 2007 年、2009 年、2010 年为地表水水质标准Ⅴ类。

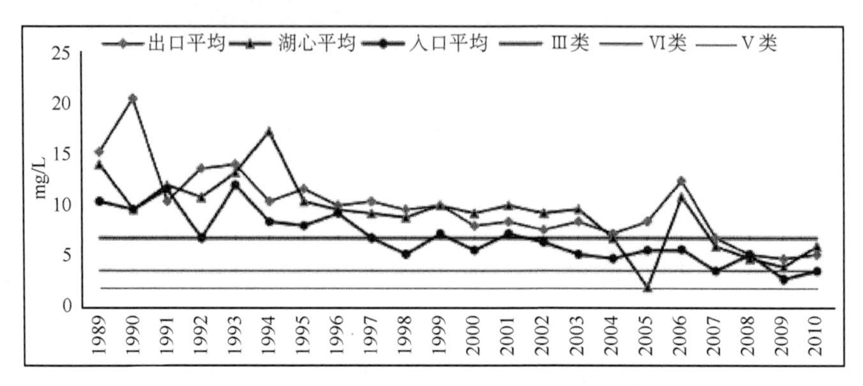


图 2-3　1989—2010 年乌梁素海 DO 变化趋势

(4)TP

由图 2-4 可知,1989—2010 年乌梁素海 TP 入口平均值除个别年份基本上在地表水水质标准Ⅴ类~劣Ⅴ类之间;湖心和出口处 TP 监测值除个别年份能达到地表水水质标准Ⅲ类外,其余在地表水水质标准Ⅳ类~Ⅴ类之间,2010 年湖心监测值为劣Ⅴ类。

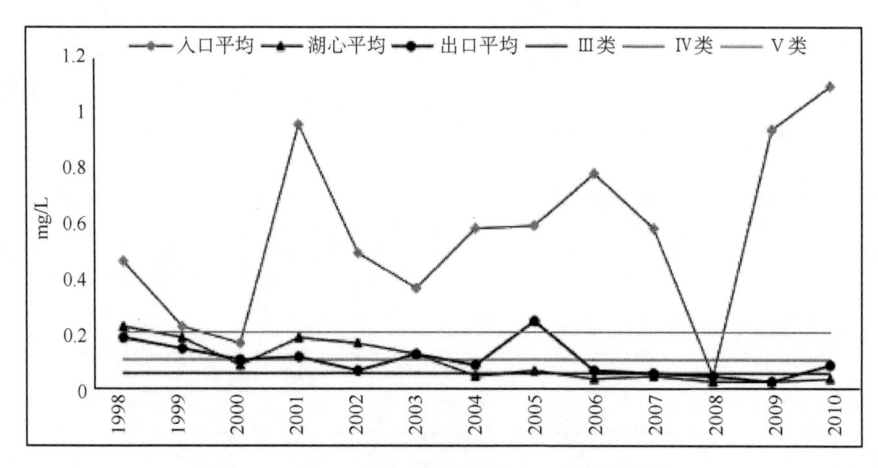


图 2-4　1989—2010 年乌梁素海 TP 变化趋势

(5)TN

由图 2-5 可知,1989—2010 年乌梁素海 TN 总体上为地表水水质标准Ⅴ类~劣Ⅴ类,个别年份能达到Ⅳ类。1989—2010 年入口平均值变幅范围在 1.38~28.11 mg/L 之间,在地表水水质标准Ⅳ类~劣Ⅴ类之间;湖心平均值变幅范围在 1.11～3.58 mg/L 之间，在地表水水质标准Ⅳ类～劣Ⅴ类之间；出口平均值历年变幅在 1.25～4.03 mg/L 之间，在地表水水质标准Ⅳ类～劣Ⅴ类之间。

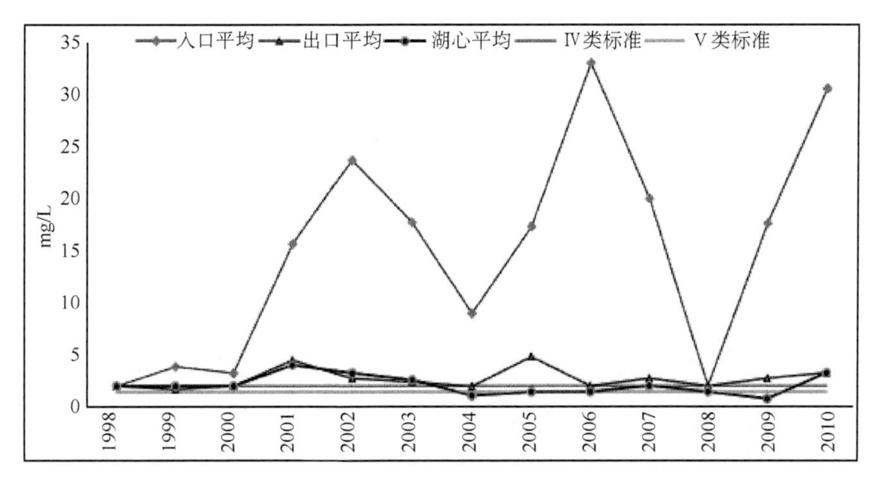


图 2-5　1998—2010 年乌梁素海 TN 变化趋势

(6)$NH_3$-N

由图 2-6 可知，1989—2010 年乌梁素海 $NH_3$-N 在湖入口处浓度平均值基本上在地表水水质标准Ⅴ类～劣Ⅴ类之间；2003 年、2005 年湖出口处及 2010 年湖心和出口处的监测值为地表水水质标准Ⅵ类，其余年份监测值地表水水质标准Ⅲ类及以上。

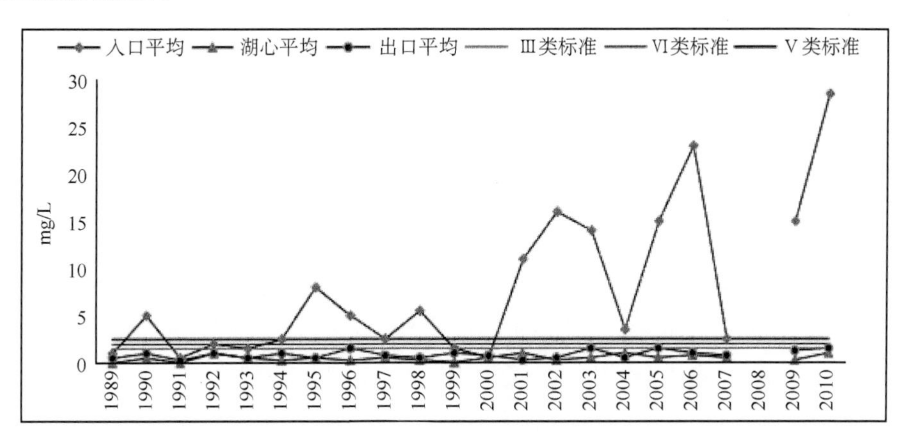


图 2-6　1998—2010 年乌梁素海 $NH_3$-N 变化趋势

注：2008 年无数据。

(7)矿化度及含盐量

由图 2-7 和图 2-8 可知，乌梁素海入湖的矿化度变化不显著，略有上升的趋势，出湖矿化度和年出湖盐分量明显不平衡。湖区盐分明显积聚，湖水矿化度与碱性持续增高。

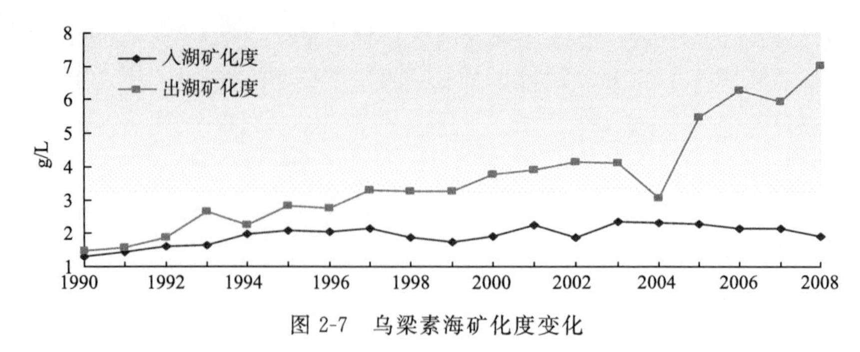


图 2-7 乌梁素海矿化度变化

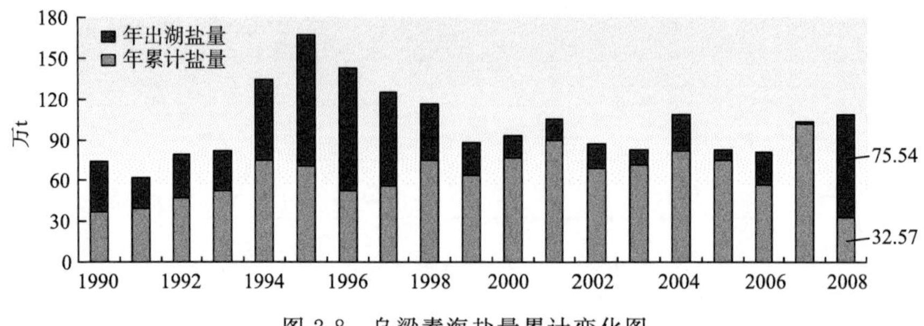


图 2-8 乌梁素海盐量累计变化图

## 2.1.2 乌梁素海底质

乌梁素海每年在接纳河套灌区的农田退水的同时，也接纳了水中带来的大量氮、磷等营养物。经过长期的沉积，在湖水底部形成特定的淤泥即底泥。底泥表层所积累的氮、磷等营养物质可以被微生物直接摄入利用，进入食物链，参与水生生态系统的循环，而且含有丰富的氮、磷营养物的淤泥有可能成为水体潜在性的内源性污染源。

乌梁素海湖底近期淤泥厚度 0.2～0.5 m，岩性淤泥质沙壤土，黑灰色有臭味。颗粒组成以细粉粒为主，有机质平均含量 3%，呈流塑状，平均含盐量为 0.31%，各处底泥深度如图 2-9 所示。

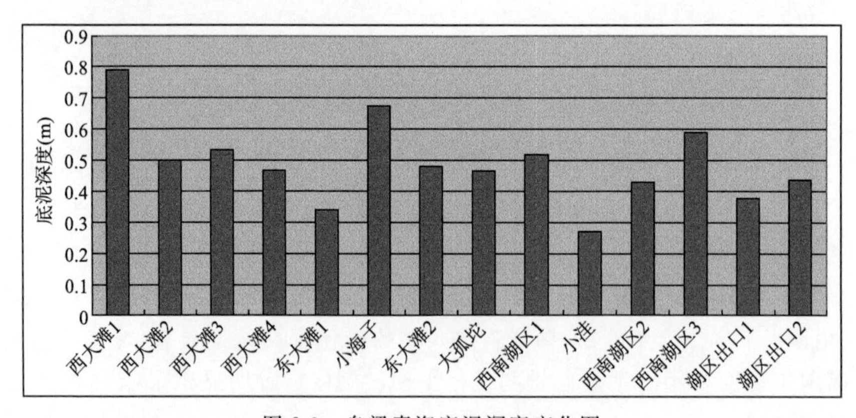


图 2-9 乌梁素海底泥深度变化图

(1)营养物质的深度垂向分布

从 2009 年 7 月底质调查中的底泥柱状外观分析,乌梁素海底泥上部呈黑色的淤泥,厚达 20 cm 左右,有臭味,并含有腐烂物质,下部为浅黄色原土质。

由实验结果得知:在湖泊的入口处的表层底泥中,总氮、总磷含量较高,而在深层底泥中总氮和总磷的含量比较低;在湖泊中心位置,总氮、总磷营养元素的垂向分布变化不大;而在湖泊出口的表层底泥中,总氮、总磷含量较低,深层底泥中总氮和总磷的含量比较高,如图 2-10 所示。

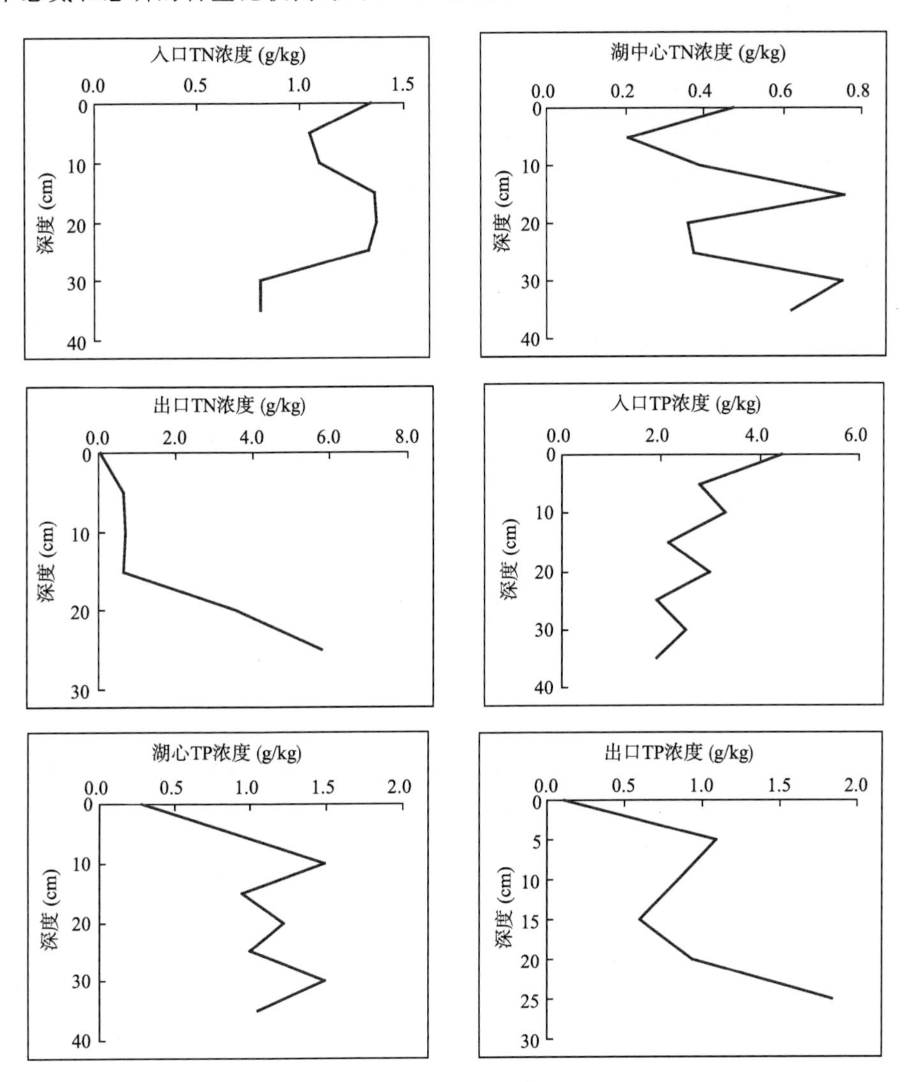


图 2-10 氮、磷在底泥中的深度垂向分布

(2)营养物质的平面分布

2009 年 7 月底质调查中的底泥空间分析结果如图 2-11 所示。底泥中的总

磷含量由入口向出口逐渐降低，而总氮为湖心较低，入口和出口浓度较高。主要由于入湖水体的总氮和总磷的浓度较高，由入口进入湖中，随着芦苇等的吸收及水体的自净，水体中总氮和总磷的浓度逐渐降低，营养元素的沉积量相应变化；而底泥中总氮的浓度增大可能由前些年乌梁素海附近的造纸厂的污水直接排入乌梁素海出口处，多年来的沉积所致。

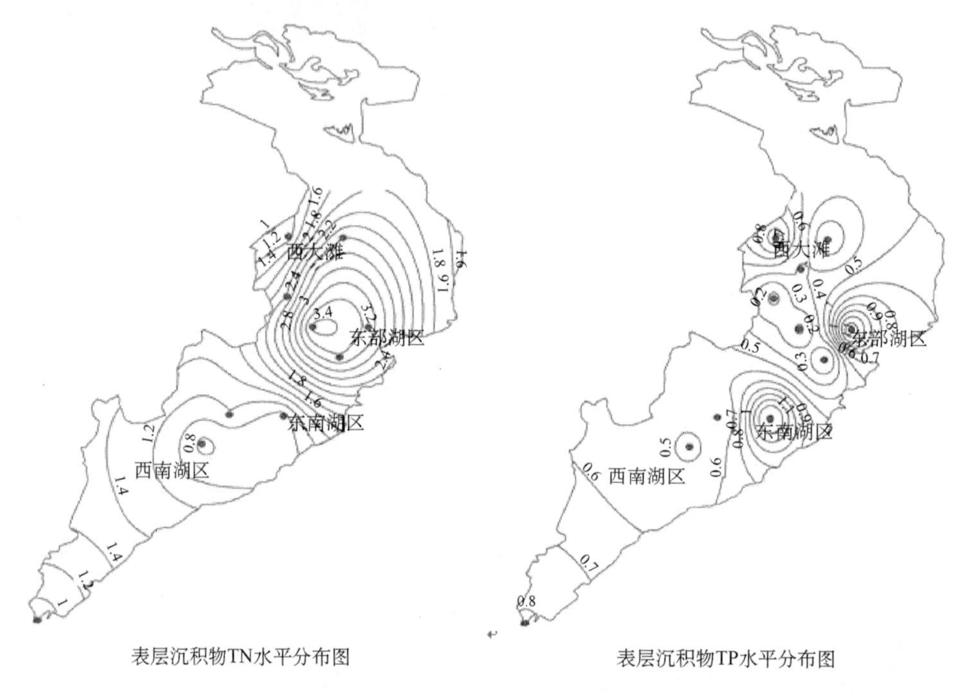


图 2-11　氮、磷在底泥中的水平分布

底泥氮磷释放试验结果表明：pH 值为 8～9，温度 25℃时，氮的释放有正向释放和反向吸收，正向释放点位多于反向吸收点位。西大滩释放率相对较大，其他区域相对较低，平均为 0.5 mg/($m^2$ · d)；磷的释放所有采样点都呈正向释放，在 0.3 mg/($m^2$ · d)左右。每年底泥释放到水体中的 TN 和 TP 分别为 18 t 和 10.8 t。

## 2.2　乌梁素海生态系统结构与功能变化

乌梁素海是典型的草藻型富营养化湖泊，湖内的营养盐类（氮和磷）、溶解有机物含量很高，导致水草和芦苇密集生长腐烂，造成水体缺氧，鱼类难以过冬，生物多样性减少。从 20 世纪 60 年代到 90 年代鱼类产量呈波浪形变化，但是最近几年，自然鱼类主要是鲫鱼和泥鳅，湖内的鱼的数量完全靠每年人工放养的鱼苗来维持。

乌梁素海的大部分浅水区域生长着水生植物，主要是芦苇和香蒲，芦苇覆盖的面积在不断增大，已经占湖区总面积的50%以上。这些大型植物的生长可以去除水中的营养盐类，但另一方面植物腐烂淤积促进乌梁素海沼泽化，也会对湖泊的生物多样性产生威胁。

### 2.2.1 鱼类

过去50年来，乌梁素海鱼类种群变化与环境和经济因素有关，而且未来会进一步变化，乌梁素海鱼类种群变化情况如表2-2和表2-3所示。1954年以前乌梁素海鱼类种群发展一直处于天然状态，主要鱼种有鲤鱼、鲫鱼、瓦氏雅罗鱼、赤眼鳟、泥鳅、鲶鱼等，其中鲤鱼的种群数量占绝对优势。在当时，没有渔业生产，仅有个别渔民捕捞以及后来季节性捕捞。1954年正式开始渔业生产，随着渔业生产的扩大，1958年开始人工投放青鱼、草鱼、鲢鱼、鳙鱼四大家鱼鱼种及团头鲂鱼种。但由于种种原因，四大家鱼及团头鲂都没有形成较稳定的种群生物量。随着乌梁素海水环境的变化，鱼类种群数量以及鱼类种群也发生了变化。据调查，1955年以前，鱼获物组成中鲤鱼数量占90%以上，1960年占50%～60%，1960年以后鲤鱼在鱼获物组成中所占的比例逐渐下降，相反，鲫鱼的数量逐渐上升，从1983年的50%～60%上升到1999年的78%。同时，其他的一些鱼种逐渐消失或所占的比例很小。

**表2-2 乌梁素海鱼类种群调查结果表**

| 序号 | 鱼类种群 | | 调查时间(年) | | | |
|---|---|---|---|---|---|---|
| | 中文名 | 学名 | 1960 | 1980 | 1981—1983 | 2000 |
| 1 | 青鱼 | *Mylopharyngodon piceus*(*Richardson*) | + | | | |
| 2 | 草鱼 | *Ctenopharyngodon idellus*(*C. et v*) | + | + | + | |
| 3 | 瓦氏雅罗鱼 | *Leuciscus waleckii*(*Dybowski*) | + | + | + | |
| 4 | 赤眼鳟 | *Squaliobarbus curriculus*(*Richardson*) | + | + | + | |
| 5 | 鲦鱼 | *Hemiculter leucisculus*(*Basilewsky*) | | + | + | |
| 6 | 团头鲂 | *Megalobrama amblycephala Yih.* | | + | + | + |
| 7 | 长春鳊 | *Parabramis pekinensis*(*Basilewsky*) | | + | | |
| 8 | 麦穗鱼 | *Pseudorasbora parva*(*T. et S.*) | | + | + | + |
| 9 | 似鮈 | *Pseudogobio vaillanti*(*Sauvage*) | | + | | |
| 10 | 棒花鱼 | *Abbottina rivularis*(*Basilewsky*) | | | + | |
| 11 | 中华鳑鲏 | *Rhodeus sinensis Gunther* | | + | + | |
| 12 | 鲤鱼 | *Cyprinus carpio L.* | + | + | + | + |
| 13 | 鲫鱼 | *Carassius auratus*(*L*) | + | + | + | + |
| 14 | 鳙鱼 | *Aristichthys nobilis*(*Richardson*) | + | + | + | |
| 15 | 鲢鱼 | *Hypophthalmichthys molitrix*(*C. et V.*) | + | + | + | + |

续表

| 序号 | 鱼类种群 | | 调查时间(年) | | | |
|---|---|---|---|---|---|---|
| | 中文名 | 学名 | 1960 | 1980 | 1981—1983 | 2000 |
| 16 | 花鳅 | *Cobitis taenia L.* | + | | + | + |
| 17 | 泥鳅 | *Misgurnus anguillicaudatus*(*Cantor*) | + | + | + | + |
| 18 | 后鳍巴鳅 | *Barbatula posteroventralis Nichols* | + | + | + | |
| 19 | 董氏须鳅 | *Barbatula toni*(*Dyb*) | | | + | |
| 20 | 鲶鱼 | *Parasilurus asotus*(*L.*) | + | + | + | + |
| 21 | 黄鱼 | *Pseudobagrus fulvidraco*(*Richardson*) | | | + | |
| 22 | 青鳉 | *Oryzias latipes*(*Temminck et Schlegel*) | | | + | |
| 23 | 黄黝 | *Hypseleatris swinhonis*(*Gunter*) | | + | + | |
| 24 | 克氏虎鱼 | *Rhinogobius cliffordlpopei*(*Nichols*) | | + | + | |
| | 总计 | | 12 | 18 | 21 | 8 |

注:"+"代表有数据。

**表 2-3　乌梁素海鱼类种群的变化及鱼产量情况**

| 时间(年) | 产量(t/a) | 鱼产量中鱼种的比例(%) | | | | |
|---|---|---|---|---|---|---|
| | | 鲤鱼 | 鲫鱼 | 瓦氏雅罗鱼 | 草鱼 | 麦穗鱼 |
| 1956 | 4245 | 90 | | | | |
| 1960 | 3575 | 50～60 | | | | |
| 1983 | 1090 | 12～20 | 50～60 | 10～20 | 1 | |
| 1990 | 429 | 10 | 78 | 12 | | |
| 1999 | 883 | 0.8 | 78 | | | 14 |

乌梁素海鱼的种类不多,但鱼类区系古老,属宁蒙高原区、河套盆地亚区,按起源及生态类群划分,乌梁素海的鱼类由三个区系复合体构成,即:中国江河平原区系复合体、晚第三纪早期区系复合体、北方平原复合体。乌梁素海的鱼类区系组成如表 2-4 所示。

**表 2-4　乌梁素海的鱼类区系组成**

| 区系<br>种类 | 中国江河平原区系复合体 | 晚第三纪早期区系复合体 | 北方平原复合体 |
|---|---|---|---|
| 种数 | 2 | 5 | 1 |
| 所占总种数的百分比(%) | 25 | 62.50 | 12.50 |

(1)中国江河平原区系复合体

属该复合体的鱼类有团头鲂、鲢鱼,共 2 种,占种数的 25%。这 2 种鱼均为南方引进种。一般该区系复合体的鱼类大部分产漂流鱼卵,一部分产黏性卵,但黏性不大,卵顺水发育。目前湖中团头鲂、鲢鱼数量较少。

(2)晚第三纪早期区系复合体

属该复合体的鱼类有鲤鱼、鲫鱼、鲶鱼、麦穗鱼、泥鳅,共 5 种,占种数的 62.5%,其中鲤鱼、鲫鱼是乌梁素海的主要经济鱼类,为定居型鱼类,并能够在天然水域中自然繁殖,形成较大、较稳定的种群生物量。该区系复合体的鱼类的共同生物学特征是视觉不发达,嗅觉发达,多食底栖生物。

(3)北方平原复合体

属该复合体的鱼类有花鳅 1 种,占种数的 12.5%。花鳅是小型经济价值较低的鱼类。但该复合体鱼类具有比较耐寒和耐盐碱等特点。

乌梁素海 1954 年正式开始渔业生产,乌梁素海几十年来鱼产量情况如图 2-12 所示,从图中可以看出,鱼产量变化范围在 300~3600 t/a。1960—1974 年,乌梁素海鱼产量大幅度下降。1974—1984 年,鱼产量逐渐增加,但还没有达到 60 年代初鱼产量的三分之一。20 世纪 80 年代后,鱼产量一直很低。到 90 年代,每年鱼产量缓慢增加。在 2000—2001 年禁渔后,2002 年鱼产量达到了 60 年代初最高产量。2003 年鱼产量下降到最大产量的一半。

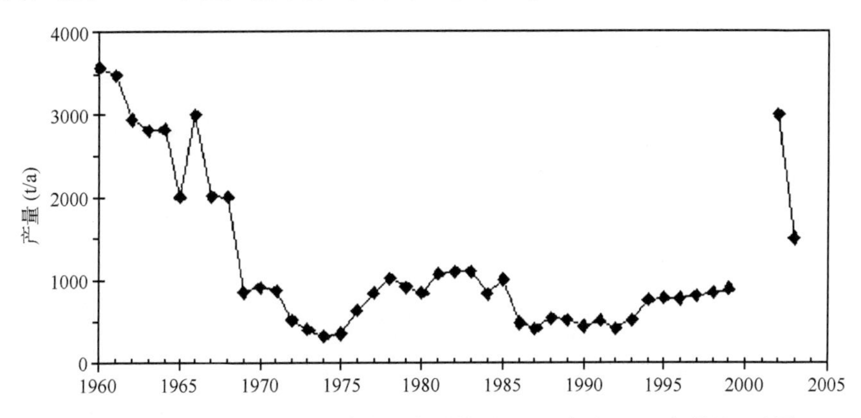


图 2-12　1960—2003 年乌梁素海鱼产量情况(2000 年和 2001 年禁渔,后同)

在 1981—1990 年期间,捕获物组成中,主要是鲫鱼、鲤鱼和瓦氏雅罗鱼。1991 年之后,草鱼和瓦氏雅罗鱼从捕获物中消失,但增加了麦穗鱼。在 2000 年和 2001 年禁渔后,捕获物几乎全部是鲫鱼,如图 2-13 所示。

根据 2000—2002 年的鱼类调查及采集的鱼类标本,按《中国鱼类系统检索》的分类系统进行鉴定,初步确定乌梁素海的鱼类种类较少,有 8~10 种,分别隶属于 2 目 3 科,其中以鲤科鱼类为主,约有 5 种,占总种数的 62.5%;鳅科 2 种,占总种数的 25%;鲶科 1 种,占总种数的 12.5%。本次鱼类种类调查与历史上三次调查结果相比较,鱼类种类和数量都有明显减少,减少约 60%以上,有些种类如青鱼、草鱼、瓦氏雅罗鱼、青鲫等已绝迹。

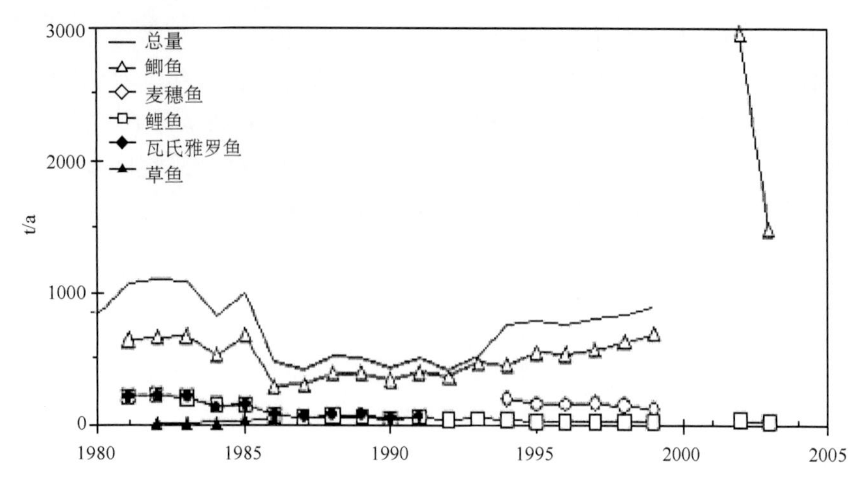


图 2-13　1981—2003 年捕获物中鱼类种类组成情况(2000 年和 2001 年禁渔)

## 2.2.2　水生植物

(1)挺水植物

乌梁素海挺水植物的优势种为芦苇和香蒲,成片或带状分布于湖边或湖中。芦苇遍布于乌梁素海的大部分浅水区域,芦苇带生长的最大深度为 1.2 m。挺水植物名录如表 2-5 所示。

**表 2-5　乌梁素海挺水植物种类名录**

| 科 | 种类 | |
|---|---|---|
| 禾本科(*Gramineae*) | 芦苇(*Phragmites australis*) | 优势种 |
| 香蒲科(*Typhaceae*) | 宽叶香蒲(*Typha latifolia*) | 优势种 |
| | 小香蒲(*Typha minima*) | 稀有种 |

乌梁素海主要的挺水植物芦苇,面积占乌梁素海总面积的 50%左右。根据芦苇不同密度对其进行分级,分为“低密度”、“中密度”和“高密度”三个等级,如表 2-6 所示。

**表 2-6　芦苇密度分级标准**

| | |
|---|---|
| 高密度芦苇 | >60 株/$m^2$,且直径>0.5 cm 的比例>90%,直径>1 cm 的比例>50% |
| 中密度芦苇 | >50 株/$m^2$,且直径>0.5 cm |
| 低密度芦苇 | <50 株/$m^2$,且直径>0.5 cm |

高密度芦苇和中密度芦苇所占的比重为 76%,低密度芦苇比重为 24%,其中高、中密度芦苇分布在湖区的北部,中密度芦苇分布在湖区的南部,靠近坝头的区域,其主要的原因可能是坝头附近区域航道众多,对芦苇的生长有一定的影响,如表 2-7 所示。

与1987年和1996年卫星遥感影像解析结果对比，乌梁素海的面积在近二十年间缩减了 20 km²，芦苇区和湖周沼泽区扩大了 24 km²，明水面减少了 18 km²。

**表 2-7 芦苇密度等级统计**

| 芦苇密度 | 面积(km²) | 所占比例 |
|---|---|---|
| 低密度 | 26.03 | 24% |
| 中密度 | 39.45 | 37% |
| 高密度 | 41.68 | 39% |

1997年挺水植物有2科2属共3种，分别为乔木科：芦苇；香蒲科：宽叶香蒲，小香蒲。其中芦苇为群落优势种。

2001年乌梁素海挺水植物分布面积116 km²，生产量约2.4亿 kgDW，平均生物量2069 gDW/m²；其中，芦苇产量达1.15亿 kgDW，平均生物量991 gDW/m²。

(2)沉水植物

沉水植物的优势种为龙须眼子菜，其次是金鱼藻属和轮藻属。沉水植物主要分布在湖泊1.0～1.2 m深度的浅水区域，在2.5 m深度以下大部分区域没有沉水植物分布，其原因和光线不足有关。沉水植物名录如表2-8所示。

**表 2-8 乌梁素海沉水植物种类名录**

| 科 | 种类 | |
|---|---|---|
| 眼子菜科(*Potamogeton*) | 龙须眼子菜(*Potamogeton pectinatus*) | 优势种 |
| | 柳叶眼子菜(*Potamogeton nulaimus*) | 稀有种 |
| | 穿叶眼子菜(*Potamogeton perfoliatus*) | 消失种 |
| | 竹叶眼子菜(*Potamogeton zosterifolius*) | 消失种 |
| | 菹草(*Potamogeton crispus*) | 稀有种 |
| 茨藻科(*Najadaceae*) | 大茨藻(*Najas marina L.*) | 稀有种 |
| 轮藻科(*Characae*) | 轮藻(*Chara sp.*) | 稀有种 |
| 小二仙草科(*Halore idaceae*) | 穗花狐尾藻(*Myriophyllum spicatum L.*) | 常见种 |
| | 金鱼藻(*Ceratophyllum demersum L.*) | 常见种 |

1989年龙须眼子菜的分布面积占全湖明水面的45%。

1997年沉水植物有4科4属共8种分别为眼子菜科：龙须眼子菜，竹叶眼子菜、穿叶眼子菜、柳叶眼子菜、菹草；茨藻科：大茨藻；轮藻科：轮藻；小二仙草科：穗花狐尾藻。龙须眼子菜和穗花狐尾藻为群落优势种。

穗花狐尾藻群落处水深为0.8～1.5 m，盖度100%，平均生产力(干重)为0.96 kg/m²，分布面积约20 km²。

龙须眼子菜群落多分布在开阔水面，集中在湖面中心水深为1.4 m左右的区域，盖度100%，平均生产力为0.87 kg/m²(干重)，分布面积约75 km²。

大茨藻群落多分布在水深为 1.2～1.5 m 的水域，盖度 100%，平均生产力为 0.75 kg/m$^2$（干重），分布面积约 15 km$^2$。

轮藻群落多成团分布在 0.8～1.2 m 的水域，盖度 90%，鲜草含水率 90%，平均生产力为 0.80 kg/m$^2$（干重），分布面积约 20 km$^2$。

乌梁素海沉水植物生产量为 9 万 t/a（干重）以上。

1999 年龙须眼子菜的分布面积达到明水面的 95%，几乎将其余沉水植物覆盖，其繁殖能力很强，蔓延速度很快。

2001 年沉水植物有龙须眼子菜、柳叶眼子菜、穿叶眼子菜、竹叶眼子菜、菹草、大茨藻、轮藻、穗花狐尾藻，其中龙须眼子菜为优势种。沉水植物分布面积约 97.5 km$^2$。群落盖度 100%，生产量 0.85 亿 kgDW/a，平均生物量 872 gDW/m$^2$。

2004 年沉水植物分布面积 97.5 km$^2$，以龙须眼子菜为优势种，群落盖度 100%，生产量 8.5 万 t/a（干重），平均生物量 875 g/m$^2$（干重）。

2005 年篦齿眼子菜，金鱼藻属，轮藻属。

在明水面中，沉水植物分布面积 97.5 km$^2$，群落盖度 100%，生产量 8.5 万 t/a（干重），平均生物量 872 g/m$^2$（干重）。沉水植物总生物量约为 80 万 t（湿重），乌梁素海以收获 5000 公顷水面水草计，总产草量为 5.4 万 t（干重），平均每公顷水面产草量为 10800 kg，是典型草原草量的 18.61 倍，占明水面的 77.4%。

### 2.2.3 浮游植物

内蒙古环境科学研究院于 2000—2001 年对乌梁素海的浮游植物进行了系统调查与分析，共鉴定浮游植物 51 属，隶属于 8 门，其中蓝藻门 12 属、绿藻门 18 属、硅藻门 14 属、金藻门 3 属、隐藻门 2 属、甲藻门 1 属、裸藻门 1 属、“黄苔”门 1 属，如表 2-9 所示。此次调查与 1982 年、1987 年调查结果比较，乌梁素海浮游植物种类和数量明显下降，这主要与湖泊水质恶化有关。

**表 2-9　2000—2001 年乌梁素海浮游植物种类名称**

| 序号 | 中文名 | 序号 | 中文名 |
|---|---|---|---|
| 蓝藻门 | | 9 | 螺旋藻属 |
| 1 | 蓝纤维藻属 | 10 | 腔球藻属 |
| 2 | 粘杆藻属 | 11 | 尖火藻属 |
| 3 | 鞘丝藻属 | 12 | 念珠藻属 |
| 4 | 色球藻属 | 绿藻门 | |
| 5 | 束球藻属 | 13 | 纤维藻属 |
| 6 | 微囊藻属 | 14 | 栅藻属 |
| 7 | 席藻属 | 15 | 衣藻属 |
| 8 | 平裂藻属 | 16 | 蹄形藻属 |

续表

| 序号 | 中文名 | 序号 | 中文名 |
| --- | --- | --- | --- |
| 17 | 绿球藻属 | 37 | 茧形藻属 |
| 18 | 十字藻属 | 38 | 星杆藻属 |
| 19 | 新月藻属 | 39 | 新月菱藻属 |
| 20 | 集星藻属 | 40 | 等片藻 |
| 21 | 多芒藻属 | 41 | 角刺藻属 |
| 22 | 卵囊藻属 | 42 | 扇形藻属 |
| 23 | 微芒藻属 | 43 | 脆杆藻属 |
| 24 | 四角藻属 | 金藻门 | |
| 25 | 蓝星藻属 | 44 | 金颗藻属 |
| 26 | 网球藻属 | 45 | 单鞭金藻属 |
| 27 | 腔星藻属 | 46 | 棕鞭藻属 |
| 28 | 顶棘藻属 | 隐藻门 | |
| 29 | 鼓藻属 | 47 | 隐藻属 |
| 30 | 小球藻属 | 48 | 兰隐藻属 |
| 硅藻门 | | 甲藻门 | |
| 31 | 小环藻属 | 49 | 裸甲藻属 |
| 32 | 桥弯藻属 | 裸藻门 | |
| 33 | 舟形藻属 | 50 | 裸藻属 |
| 34 | 针杆藻属 | “黄苔”门 | |
| 35 | 双菱藻属 | 51 | 蛇孢藻 |
| 36 | 卵形藻属 | | |

2001 年乌梁素海浮游植物生物量如表 2-10 所示。乌梁素海浮游植物年平均总生物量为 14.597 mg/L。浮游植物年均生物量大的种类为硅藻、裸藻、绿藻、隐藻，其次为蓝藻。各类浮游植物中数量最多、分布最广的是蓝藻，其次是硅藻和绿藻。这三种藻类几乎遍布全湖。从浮游植物种类和组成来看，绿藻的种类最多，生物多样性指数最高，其次是硅藻、蓝藻等。

**表 2-10　2001 年乌梁素海浮游植物生物量**　(单位:mg/L)

| 群落 | 蓝藻门 | 绿藻门 | 硅藻门 | 金藻门 | 隐藻门 | 甲藻门 | 裸藻门 | “黄苔”门 | 总计 |
| --- | --- | --- | --- | --- | --- | --- | --- | --- | --- |
| 全湖平均 | 1.18 | 1.94 | 6.10 | 0.01 | 1.83 | 0.62 | 2.85 | 0.067 | 14.597 |

乌梁素海全湖年平均生物量及各监测点的总生物量如表 2-11 所示。

表 2-11　2001 年乌梁素海浮游植物生物量　(单位:mg/L)

| 群落 \ 监测点 | 西大滩 | 二点 | 全湖平均 |
|---|---|---|---|
| 蓝藻门 | 2.05 | 0.30 | 1.18 |
| 绿藻门 | 3.50 | 0.38 | 1.94 |
| 硅藻门 | 11.56 | 0.65 | 6.10 |
| 金藻门 | 0.02 | 0.01 | 0.01 |
| 隐藻门 | 3.08 | 0.589 | 1.83 |
| 甲藻门 | 1.05 | 0.19 | 0.62 |
| 裸藻门 | 5.61 | 0.088 | 2.85 |
| "黄苔"门 | 0.134 | | 0.067 |
| 总计 | 27.0 | 2.85 | 14.597 |

2004—2005 年,浮游植物 7 门 58 属,其中:绿藻门最多,共有 22 属,占属类总数的 37.93%;硅藻门次之,为 14 属,占总数的 24.14%;蓝藻门也较多,达到了 13 属,占总数的 22.41%;金藻门、隐藻门及裸藻门数量很少,分别为 4 属、2 属和 2 属,分别占总数的 6.9%、3.45%和 3.45%;甲藻门最少,仅有 1 属,占总数的 1.72%。乌梁素海浮游植物全年平均丰度为 $3301\times10^4$ ind./L,平均生物量为 26.33 mg/L。

春季浮游植物优势种属主要是微囊藻、单鞭金藻、小环藻、隐藻、衣藻、栅藻、裸藻。夏季浮游植物种类数量较大,常见的藻类中,蓝藻门有颤藻、席藻、微囊藻;绿藻门种类较春季明显增多,常见的种类有衣藻、栅藻、网球藻、微囊藻、腔星藻、四球藻等;其他藻门的小环藻、针杆藻、隐藻、裸藻数量也比较多。秋季浮游植物种类明显减少,常见的种类有针杆藻、小环藻、衣藻、栅藻、蓝纤维藻、隐藻、棕鞭藻。冬季较秋季种类数量略有增加,常见藻类主要有针杆藻、脆杆藻、席藻、蓝纤维藻、隐藻、衣藻等。

从全年的变化来看,绿藻、硅藻、蓝藻占绝对优势;隐藻全年也比较多;裸藻出现在春、夏两季,秋、冬两季较少;金藻主要出现在春、秋两季,而甲藻全年仅有少量出现。从生物量组成比例来看,裸藻所占比重最大,达到 29.07%;其次,隐藻所占比例也相当高,占去 20%;另外,硅藻、绿藻及蓝藻所占比重相差不大,三者介于 13%~17%之间;金藻和甲藻所占份额很小,分别为 2.68%和 0.73%。

生物量最高值出现在春季,达 56.42 mg/L,这是由于春季个体较大的裸藻和隐藻数量较多所致,此季节生物量最高的为裸藻;其次为夏季,生物量为 37.94 mg/L,此季节生物量最高的为蓝藻;秋季生物量最小,仅为 4.097 mg/L;冬季略有上升,为 6.865 mg/L,秋冬季节生物量最大的为硅藻。

2008 年 5 月暴发的"黄苔"主要是由水绵、双星藻、转板藻三个属的丝状藻类组成。

### 2.2.4 浮游动物

在乌梁素海浮游动物4大类群中，原生动物群落年平均密度最高，但生物量较低，种类较少；轮虫群落种类数量最多，生物多样性指数高；枝角类群落的种类数不高，年平均生物量最低；桡足类年平均生物量显著高于其他类浮游动物，但种类数量最少。

20世纪80年代末浮游动物65种，其中原生动物14种，轮虫33种，枝角类10种，桡足类8种。轮虫占绝对优势，占种类数的50%。

2000—2001年浮游动物34种，如表2-12所示，其中原生动物4种，占浮游动物总种数的11%；轮虫21种，占总种数的63%；枝角类6种，占总种数的17%；桡足类3种，占总种数的9%。根据全湖浮游动物年平均密度，浮游动物的优势种为纤毛虫、角突臂尾轮虫和无节幼体。

**表2-12 2001年6月乌梁素海浮游动物名录**

| 序号 | 中文名 | 序号 | 中文名 |
|---|---|---|---|
| 原生动物 | | 16 | 角突臂尾轮虫 |
| 1 | 纤毛虫 | 17 | 尖叶轮虫 |
| 2 | 沙壳虫 | 18 | 壶状臂尾轮虫 |
| 3 | 蚌壳虫 | 19 | 鄂花臂尾轮虫 |
| 4 | 湖累枝虫 | 20 | 多肢轮虫 |
| 枝角类 | | 21 | 螺形龟甲轮虫 |
| 5 | 裸腹溞 | 22 | 采胃轮虫 |
| 6 | 秀体溞 | 23 | 腔轮虫 |
| 7 | 尖额溞 | 24 | 盘镜轮虫 |
| 8 | 蚤状溞 | 25 | 疣毛轮虫 |
| 9 | 象鼻溞 | 26 | 鞍甲轮虫 |
| 10 | 水溞 | 27 | 须足轮虫 |
| 桡足类 | | 28 | 异尾轮虫 |
| 11 | 近邻剑水蚤 | 29 | 巨腕轮虫 |
| 12 | 剑水蚤 | 30 | 裂足轮虫 |
| 13 | 无节幼虫 | 31 | 矩形龟甲轮虫 |
| 轮虫 | | 32 | 无柄轮虫 |
| 14 | 晶囊轮虫 | 33 | 胶鞘轮虫 |
| 15 | 三肢轮虫 | 34 | 花篋臂尾轮虫 |

原生动物的优势种为纤毛虫，其密度占浮游动物的30%，常见种有沙壳虫、蚌壳虫。轮虫优势种为角突臂尾轮虫、鄂花臂尾轮虫，常见种还有多肢轮虫、壶状臂尾轮虫和晶囊轮虫。枝角类的优势种有蚤状溞，常见种还有秀体溞、裸腹溞。桡足类的优势种为无节幼虫，常见种为近邻剑水蚤，其生物量占整个浮游动

物的85%以上。

在乌梁素海浮游动物4大类群中，原生动物群年平均密度最高，但生物量较低，种类较少；轮虫群落种类数量最多，生物多样性指数高；枝角类群落的种类数不高，年平均生物量最低；桡足类的年平均生物量显著高于其他类浮游动物，但种类数量最少，如表2-13所示。乌梁素海全湖的浮游动物生物量平均为12.55 mg/L，最大值为89.84 mg/L，全年每月浮游动物生物量的变化呈现下降趋势。从两个采样点来看，全湖浮游动物生物量高峰值出现在4～5月。

**表2-13 2001年乌梁素海浮游动物生物量** (单位：mg/L)

| 监测点＼群落 | 原生动物 | 轮虫 | 枝角类 | 桡足类 | 总计 |
|---|---|---|---|---|---|
| 西大滩 | 0.83 | 0.62 | 0.21 | 16.65 | 18.31 |
| 二点 | 0.27 | 0.16 | 0.43 | 5.93 | 6.79 |
| 全湖平均 | 0.55 | 0.39 | 0.32 | 11.29 | 12.55 |

2004—2005年乌梁素海浮游动物共有四大类64种。其中，轮虫最多，共有33种；原生动物次之，为18种；桡足类和枝角类最少，分别为9和4种，如表2-14所示。

**表2-14 2004—2005年乌梁素海浮游动物种类**

| 门 | 序号 | 中文名 |
|---|---|---|
| 原生动物 | 1 | 肉足虫 |
| | 2 | 盘表壳虫 |
| | 3 | 圆滑表壳虫 |
| | 4 | 无棘匣壳虫 |
| | 5 | 盘状匣壳虫 |
| | 6 | 巧砂壳虫 |
| | 7 | 瓶砂壳虫 |
| | 8 | 大变形虫 |
| | 9 | 蛞蝓变形虫 |
| | 10 | 放射太阳虫 |
| | 11 | 纤毛虫 |
| | 12 | 团焰毛虫 |
| | 13 | 圆缨球虫 |
| | 14 | 毛板壳虫 |
| | 15 | 沟钟虫 |
| | 16 | 小口钟虫 |
| | 17 | 大弹跳虫 |
| | 18 | 湖累枝虫 |

续表

| 门 | 序号 | 中文名 |
| --- | --- | --- |
| 轮虫 | 1 | 颤动疣毛轮虫 |
| | 2 | 尖尾疣毛轮虫 |
| | 3 | 角突臂尾轮虫 |
| | 4 | 萼花臂尾轮虫 |
| | 5 | 壶状臂尾轮虫 |
| | 6 | 蒲达臂尾轮虫 |
| | 7 | 花篋臂尾轮虫 |
| | 8 | 螺形龟甲轮虫 |
| | 9 | 曲腿龟甲轮虫 |
| | 10 | 矩形龟甲轮虫 |
| | 11 | 尖削叶轮虫 |
| | 12 | 囊形单趾轮虫 |
| | 13 | 精致单趾轮虫 |
| | 14 | 盘镜轮虫 |
| | 15 | 微凸镜轮虫 |
| | 16 | 长三肢轮虫 |
| | 17 | 针簇多肢轮虫 |
| | 18 | 钩状狭甲轮虫 |
| | 19 | 钝角狭甲轮虫 |
| | 20 | 卵形鞍甲轮虫 |
| | 21 | 裂足轮虫 |
| | 22 | 月形腔轮虫 |
| | 23 | 没尾无柄轮虫 |
| | 24 | 团藻无柄轮虫 |
| | 25 | 大肚须足轮虫 |
| | 26 | 三翼须足轮虫 |
| | 27 | 小须足轮虫 |
| | 28 | 卜氏晶囊轮虫 |
| | 29 | 暗小异尾轮虫 |
| | 30 | 鼠异尾轮虫 |
| | 31 | 冠饰异尾轮虫 |
| | 32 | 环顶巨腕轮虫 |
| | 33 | 尖尾环顶巨腕轮虫尖 |
| 枝角类 | 1 | 长肢秀体溞 |
| | 2 | 蚤状溞 |
| | 3 | 长额象鼻溞 |
| | 4 | 圆形盘肠溞 |

续表

| 门 | 序号 | 中文名 |
| --- | --- | --- |
| 桡足类 | 1 | 英勇剑水蚤 |
| | 2 | 近邻剑水蚤 |
| | 3 | 角突刺剑水蚤 |
| | 4 | 大尾真剑水蚤 |
| | 5 | 如愿真剑水蚤 |
| | 6 | 锯齿真剑水蚤 |
| | 7 | 台湾温剑水蚤 |
| | 8 | 直刺北镖水蚤 |
| | 9 | 咸水北镖水蚤 |

乌梁素海浮游动物丰度较高、生物量较大。由于浮游动物个体大小差别较大，计数方法不同，在计算数量时，将其分为大型浮游动物（包括枝角类、桡足类、轮虫）和原生动物两部分。其中大型浮游动物的平均丰度为 687 ind. /L，原生动物平均丰度为 $2.508\times10^4$ ind. /L。乌梁素海平均生物量为 3.624 mg/L。乌梁素海浮游动物生物量也以夏季最高，平均生物量为 7.8099 mg/L；春季次之，达到了 5.9024 mg/L；秋季生物量迅速降到 0.5617 mg/L；冬季生物量降到最低，生物量仅为 0.2207 mg/L。

乌梁素海春季浮游动物优势种类主要为桡足类中的剑水蚤和轮虫中的角突臂尾轮虫、矩形龟甲轮虫、尖尾疣毛轮虫、尖削叶轮虫、壶状臂尾轮虫、囊形单趾轮虫等。夏季浮游动物种类数量明显增加，优势种类为剑水蚤、镖水蚤、秀体溞，特别是轮虫种类多数量大，主要种类为：角突臂尾轮虫、矩形龟甲轮虫、萼花臂尾轮虫、长三肢轮虫、针簇多肢轮虫、卜氏晶囊轮虫、尖尾疣毛轮虫、异尾轮虫、壶状臂尾轮虫等。秋季、冬季浮游动物种类数量大幅下降，只有少量剑水蚤和极个别圆形盘肠蚤、龟甲轮虫、疣毛轮虫、无柄轮虫等。

### 2.2.5 底栖动物

20 世纪 80 年代末底栖动物 50 种，其中水生线虫 1 种，环节动物 4 种，软体动物 3 种，节肢动物 42 种。节肢动物占绝对优势，占种数的 84%。

根据武国正等人对 2004—2005 年度乌梁素海底栖动物的调查，共鉴定底栖动物 11 种，隶属 3 门、3 纲、4 科。其中节肢动物门摇蚊科 8 种；软体动物门椎实螺科和扁卷螺科各 1 种；环节动物门颤蚓科 1 种，如表 2-15 所示。乌梁素海底栖动物平均丰度为 3031.4 ind. /$m^2$，其中节肢动物摇蚊幼虫丰度最大，占总数的 93.58%；软体动物次之，占总数的 6.07%；环节动物寡毛类极少，仅占总数的 0.35%。底栖动物平均生物量为 71.672 g/$m^2$，其中摇蚊幼虫生物量最大，占总数的 50.30%；其次为软体动物，占总数的 49.64%；寡毛类仅占总数的 0.06%，几乎为零。

表 2-15 2004 年乌梁素海底栖动物种类

| 门 | 序号 | 中文名 |
|---|---|---|
| 节肢动物 | 1 | 隐摇蚊 |
| | 2 | 拟长跗摇蚊 |
| | 3 | 羽摇蚊 |
| | 4 | 塞氏摇蚊 |
| | 5 | 大红羽摇蚊 |
| | 6 | 梯形多足摇蚊 |
| | 7 | 花翅前突摇蚊 |
| | 8 | 雕翅摇蚊 |
| 软体动物 | 1 | 萝卜螺 |
| | 2 | 旋螺 |
| 环节动物 | 1 | 霍甫水丝蚓 |

与 20 年前的调查相比较，乌梁素海的底栖动物由过去的 50 种锐减到现在的 11 种。许多物种已经消失，取而代之的是一些耐污品种的出现，如环节动物门中只剩下了耐污物种霍甫水丝蚓；软体动物门也只有萝卜螺和旋螺生存；减少最为严重的是节肢动物门，由过去的 42 种减少至现在的 8 种。造成上述情况的直接原因就是近年来水质的不断恶化。

## 2.3 乌梁素海水环境净化

### 2.3.1 入湖河流水质及污染负荷量

湖泊入水的高浓度污染物分为三类：矿物盐、营养盐（氮和磷）、有机物。在非灌溉期（12 月—次年 3 月）由于水流很小，大部分排干的水质都很差，超过了国家地表水体水质标准Ⅴ类水体的最低限值。在灌溉期这种情况稍有好转。7，8，9 排干和退水渠的含盐量最高，7 排干中有机物的浓度最高，而 3，5，7 排干中营养盐（总氮和总磷）的浓度最高，具体分析如下。

（1）矿物盐

1998—2002 年灌溉期排干中矿物盐变化趋势如图 2-14 所示。从图中可以看出，2001 年最高的含盐量出现在 7，8，9 排干和黄河入口，从主泵站到乌梁素海出口的含盐量有显著的增加（85%）。初步分析认为，河套灌区下游含盐量的增加和蒸发量有很大的关系，矿物盐主要离子有：钠、钙、镁、氯、硫酸盐、碳酸氢盐。

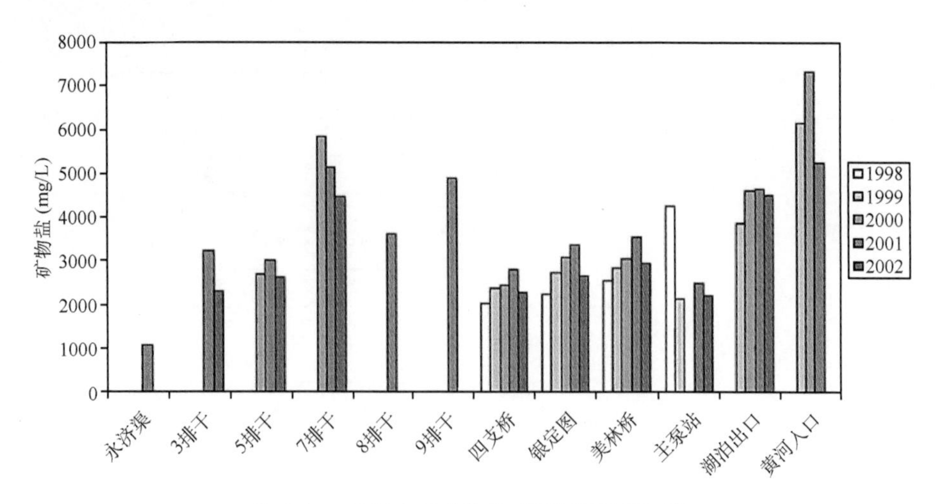


图 2-14 排干中的矿物盐(灌溉期的平均值)

(2)pH

排干中 pH 的年平均值在 7.5～8.5 之间，乌梁素海出口处的 pH 最高，在 9 左右，如图 2-15 所示。

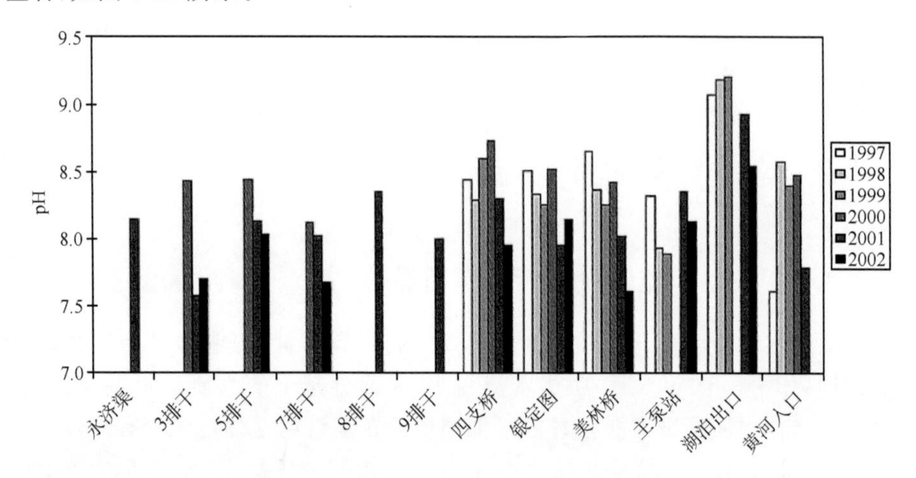


图 2-15 排干中的 pH 值(灌溉期的平均值)

(3)COD

7 排干和黄河入口处 COD 的年平均值最大，这是由于排入了大量的工业废水，如图 2-16 所示。

(4)$BOD_5$

现有数据显示 7 排干中 $BOD_5$ 的值最高，3，5 排干和黄河入口处也偏高，主排干中的各个监测点值都很低，初步分析认为在灌溉期工业生产中有机废水经过稀释后浓度降低，如图 2-17 所示。

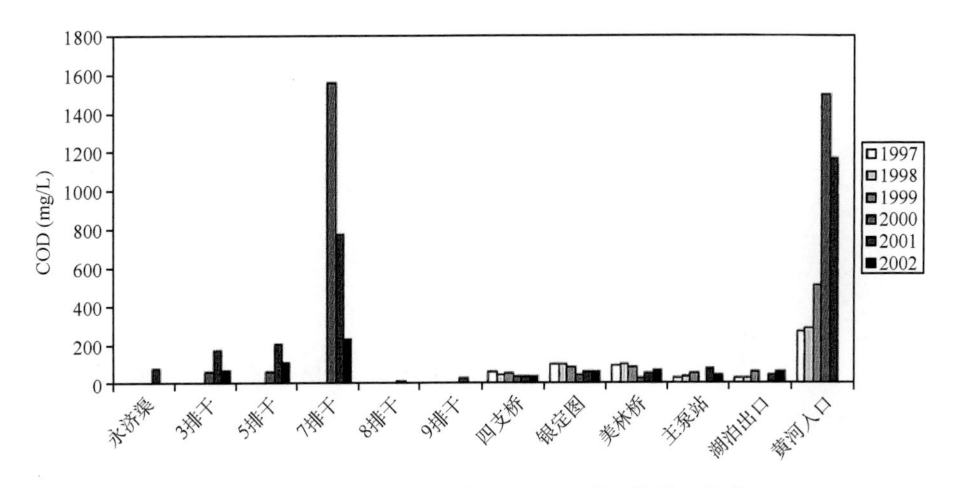


图 2-16 排干中的化学需氧量(COD)(灌溉期的平均值)

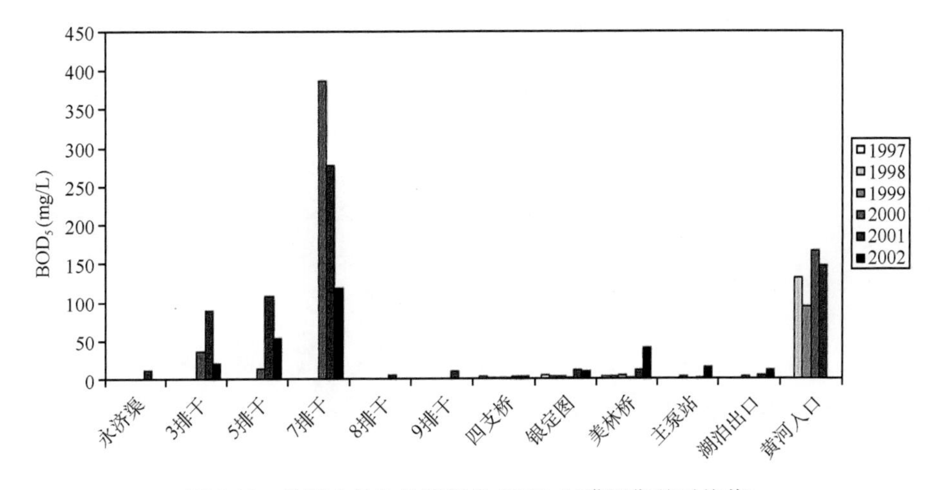


图 2-17 排干中的生物需氧量($BOD_5$)(灌溉期的平均值)

(5)TP

5,7 排干在 1999 年和 2001 年的浓度非常高,主泵站出水口的浓度也很高,灌溉期平均浓度为 0.116～0.409 mg/L,湖水中的磷会通过生物降解作用及沉积去除一部分,所以在湖泊出口处磷浓度有所降低。黄河入口处磷浓度增加和乌拉特前旗大量的工业废水流入有关,如图 2-18 所示。

(6)TN

排干 3,5,7 的氮浓度最高,和总磷的情况类似,由于湖水中氮的去除作用,湖泊出口处氮浓度有所降低,黄河入口处氮浓度有所增加,如图 2-19 所示。

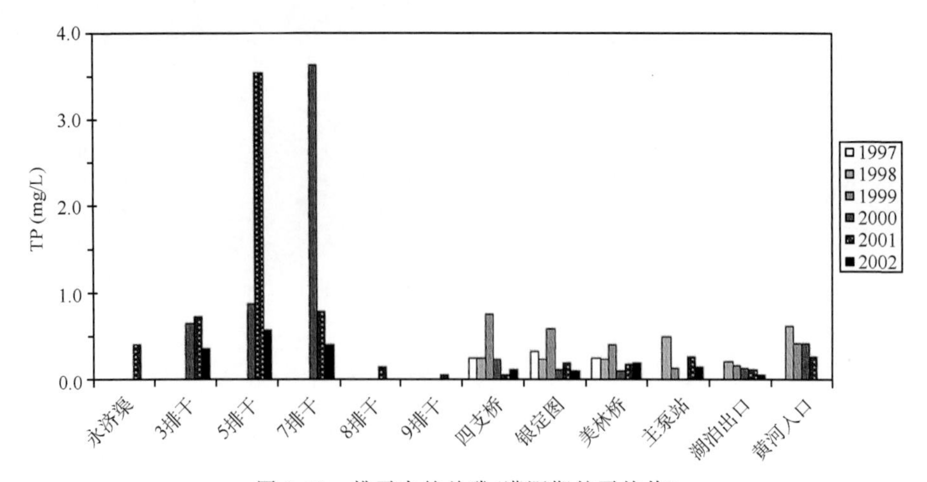


图 2-18　排干中的总磷（灌溉期的平均值）

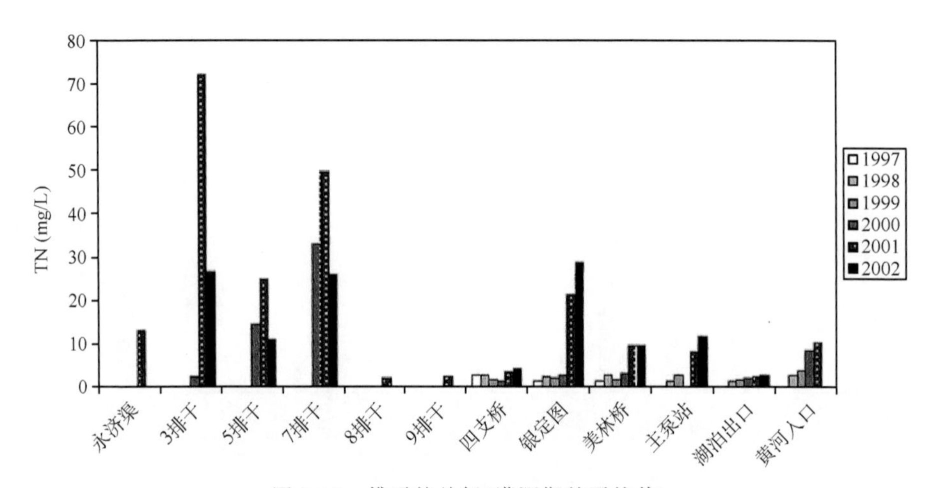


图 2-19　排干的总氮（灌溉期的平均值）

根据现有数据分别计算灌溉期和非灌溉期各指标的平均浓度，结果表明，在非灌溉期大部分指标都超过了Ⅴ类水体限值，在灌溉期情况稍有好转。各排干监测点在非灌溉期的平均浓度与水质标准的比较如表 2-16 所示，各排干监测点在灌溉期的平均浓度与水质标准的比较如表 2-17 所示。

**表 2-16　各排干监测点在非灌溉期的平均浓度与水质标准的比较**

| 非灌溉期 | $BOD_5$ | COD | $NH_3$-N | TN | TP |
|---|---|---|---|---|---|
| 四支桥 | 5.4 | 60.0 | 1.8 | 2.6 | 0.1 |
| 3 排干 | 266.1 | 598.8 | 35.5 | — | — |
| 银定圈 | 99.2 | 294.2 | 5.8 | 13.2 | 0.6 |
| 5 排干 | 183.5 | 355.7 | 233.8 | 23.5 | 7.0 |
| 美林桥 | 79.9 | 239.0 | 8.0 | 14.0 | 0.7 |

续表

| 非灌溉期 | $BOD_5$ | COD | $NH_3$-N | TN | TP |
|---|---|---|---|---|---|
| 7 排干 | 393.5 | 1182.5 | 46.7 | 66.3 | 1.6 |
| 主泵站 | 48.7 | 175.0 | 14.2 | 25.8 | 0.7 |
| 8 排干 | 4.7 | 7.4 | 0.1 | 6.8 | 0.1 |
| 9 排干 | 10.0 | 32.6 | 0.2 | 5.3 | 0.1 |
| 湖泊出口 | 21.6 | 96.8 | 0.4 | 2.3 | 0.1 |
| 黄河入口 | 141.0 | 520.0 | 2.8 | 12.4 | 0.1 |

注:水质等级的颜色如下

| Ⅰ类 | Ⅱ类 | Ⅲ类 | Ⅳ类 | Ⅴ类 | 超Ⅴ类 |
|---|---|---|---|---|---|

**表 2-17 各排干监测点在灌溉期的平均浓度与水质标准的比较**

| 灌溉期 | $BOD_5$ | COD | $NH_3$-N | TN | TP |
|---|---|---|---|---|---|
| 四支桥 | 3.7 | 40.1 | 1.3 | 3.4 | 0.1 |
| 3 排干 | 63.9 | 142.9 | 36.4 | 62.3 | 0.7 |
| 银定圈 | 10.6 | 57.3 | 12.9 | 20.8 | 0.2 |
| 5 排干 | 72.3 | 158.4 | 11.1 | 21.1 | 2.4 |
| 美林桥 | 14.2 | 56.1 | 4.9 | 8.6 | 0.2 |
| 7 排干 | 270.7 | 856.8 | 33.7 | 43.0 | 1.3 |
| 主泵站 | 11.0 | 46.3 | 3.5 | 8.1 | 0.3 |
| 8 排干 | 6.6 | 22.3 | 0.3 | 2.4 | 0.2 |
| 9 排干 | 11.0 | 46.3 | 3.5 | 8.1 | 0.3 |
| 湖泊出口 | 7.4 | 61.8 | 0.4 | 2.5 | 0.1 |
| 黄河入口 | 162.3 | 1321.6 | 3.7 | 10.6 | 0.4 |

注:水质等级的颜色如下

| Ⅰ类 | Ⅱ类 | Ⅲ类 | Ⅳ类 | Ⅴ类 | 超Ⅴ类 |
|---|---|---|---|---|---|

根据污染源进入湖泊途径的不同,将乌梁素海的主要污染源分为点源、面源、内源和外源污染四个部分。①点源污染:乌梁素海上游地区存在大量的企业工厂,比如番茄厂、玻璃厂、钢铁厂、造纸厂、化肥厂等,且达标排放的企业很少。②面源污染:乌梁素海上游为全国三大灌区之一的河套灌区,化肥和农药的使用量很大,被植物吸收利用的却很少。大量未被植物吸收利用的营养物质随着降雨径流和入渗等过程,由不同途径排入乌梁素海。③内源污染:由于乌梁素海上游大量污水入湖,加之平时环湖入湖河流、渠道大量污染物的超标排放,导致营养盐在湖泊内沉淀积累,且湖底沉积物与水层物质交换周期短,营养盐能够重复利用,具有很强的持效性,导致乌梁素海内源污染严重。④外源污染:乌梁素海吸纳着上游大量的工农业废水和生活污水,这是乌梁素海面临的外源污染。2009 年乌梁素海入湖水量为 5.6262 亿 $m^3$,其中含有工业、生活废污水量为

3022 万 $m^3$。2009 年入乌梁素海污染源调查数据如表 2-18 所示。

**表 2-18　乌梁素海污染源调查数据**

| | | 总量 | 工业 | 农田退水 | 生活 |
|---|---|---|---|---|---|
| 排入乌梁素海 | 水量(万 t) | 56262 | 983 | 53240 | 2039 |
| | 所占比例(%) | | 1.75 | 94.63 | 3.62 |
| 排入乌梁素海 COD | 总量(万 t) | 3.56 | 0.19 | 2.84 | 0.53 |
| | 所占比例(%) | | 5.34 | 79.77 | 14.89 |

## 2.3.2　污染物的消化降解

总体上来说,乌梁素海污染物主要来自 8,9 排干沟和总排干沟。

在灌溉期,利用主泵站和乌梁素海出口处的数据计算污染物质传输。粗略计算,通过主泵站进入湖泊的营养盐和有机物大约 80%多在湖中被吸收、自净和沉积,有效地防止了河套地区对黄河的污染。湖泊目前成为流域大的氧化塘,接受与消化了大量的污染物,如表 2-19 所示。

**表 2-19　灌溉期悬浮物、有机物、营养盐的传输计算**　(单位:t)

| | 年 | COD | $BOD_5$ | TP | TN |
|---|---|---|---|---|---|
| 入湖渠道 | 1997 | 18230 | | | |
| | 1998 | 21536 | | 189 | 689 |
| | 1999 | 21948 | 1239 | 71 | 1084 |
| | 2000 | 25768 | 1008 | 28 | 722 |
| | 2001 | 10398 | 3485 | 181 | 2273 |
| | 2002 | 14620 | 3718 | 60 | 3595 |
| | 平均 | 18750 | 2363 | 106 | 1673 |
| 湖泊出口 | 1997 | 4107 | | | |
| | 1998 | 272 | | 1.8 | 13 |
| | 1999 | 4809 | 13 | 9.3 | 87 |
| | 2000 | 203 | 5 | 0.2 | 5 |
| | 2001 | 12902 | 1790 | 38.1 | 586 |
| | 2002 | 284 | 27 | 0.4 | 5 |
| | 平均 | 3763 | 459 | 10 | 139 |

# 2.4　乌梁素海生态健康调查

## 2.4.1　水生生物沉积

乌梁素海湖面海拔为 1018.5 m,湖区面积约 293 $km^2$。受富营养化影响已演变成为典型的以大型水生植物过量生长为主要表征的草藻型湖泊。据1988—2009年入海口水质监测,总氮平均1.74 mg/L,总磷平均0.07 mg/L,分别为国际通用判断富营养水平标准总氮0.2 mg/L、总磷0.02 mg/L的8倍与3.5倍。现在由于富营养化,内挺水植物、沉水植物几乎遍及全湖,具有很高的初级生产力。挺水植物仅收获水上部分,水下部分腐烂沉积在水中,而沉水植物每年自生自灭沉积湖底,大型水生植物残骸增加了湖泊底质厚度,大大加速了湖泊的衰老和死亡。

由1988年与2009年TM卫星遥感影像图对比可知,芦苇产量由7万t增加到10.4万t时,芦苇区面积扩大了约1.5倍。大型水生植物过量生长不仅破坏水体环境,而且腐败沉落后形成二次污染。乌梁素海每年沉积湖底的大型水生植物残骸约为$(5\sim30)\times10^4$ tDW,使底泥中积累了大量氮、磷营养盐,生物填平作用达到$9\sim13$ mm/hm$^2$,湖底正在以$7\sim13$ mm/hm$^2$的速度在抬高。1988—2009年乌梁素海每年大型植物残骸量与提升高度如表2-20所示,照此演化速度,足以推算出乌梁素海如不治理将在30年内演变成为芦苇沼泽地。

**表2-20 乌梁素海生物沉积一览表**

| 年份 | 1988 | 1989 | 1990 | 1991 | 1992 | 1993 | 1994 | 1995 |
|---|---|---|---|---|---|---|---|---|
| 芦苇产量(万t) | 7 | 7.33 | 6.68 | 6.55 | 5.3 | 6.3 | 6.4 | 7.5 |
| 沉积量(万tDW) | 11.97 | 12.53 | 11.42 | 11.20 | 9.06 | 10.77 | 10.94 | 12.83 |
| 提升高度(mm) | 4.0 | 4.2 | 3.8 | 3.8 | 3.1 | 3.6 | 3.7 | 4.3 |
| 年份 | 1996 | 1997 | 1998 | 1999 | 2000 | 2001 | 2002 | 2003 |
| 芦苇产量(万t) | 8.3 | 9.9 | 10.6 | 9.6 | 10.7 | 9.8 | 10.3 | 7.6 |
| 沉积量(万tDW) | 14.19 | 16.93 | 18.13 | 16.42 | 18.30 | 16.76 | 17.61 | 13.00 |
| 提升高度(mm) | 4.8 | 5.7 | 6.1 | 5.5 | 6.2 | 5.6 | 5.9 | 4.4 |
| 年份 | 2004 | 2005 | 2006 | 2007 | 2008 | 2009 | | |
| 芦苇产量(万t) | 9.8 | 11.4 | 12.6 | 9.9 | 8.8 | 10.4 | | |
| 沉积量(万tDW) | 16.76 | 19.49 | 21.55 | 16.93 | 28.73 | 17.78 | | |
| 提升高度(mm) | 5.6 | 6.6 | 7.3 | 5.7 | 9.7 | 6.0 | | |

注:大型水生植物沉积量计算:

1. 计算1988—2009年芦苇产量的平均值为8.76万t。

2. 根据《乌梁素海氮循环转化过程的初探》中提到的乌梁素海大型水生植物残骸每年平均沉积量为$1.5\times10^4$ tDW,除以1988—2009年芦苇产量平均值8.76万t,得到1万t芦苇残骸沉积量。

3. 分别计算每年芦苇残骸沉积量。

4. 用芦苇残骸沉积量除以密度,得到残骸体积,再除以乌梁素海面积293 km$^2$,得到提升高度,计算可得1988—2009年每年芦苇残骸沉底提升高度。

### 2.4.2 悬浮物沉积

乌梁素海悬浮物沉积的每年平均沉积厚度均低于1.0 mm,如表2-21所示。

表 2-21 乌梁素海悬浮物沉积平均厚度 （单位：mm）

| 年份 | 1989 | 1990 | 1991 | 1992 | 1993 | 1994 | 1995 | 1996 | 1997 | 1998 | 1999 | 2000 | 2001 | 2002 | 2003 |
|---|---|---|---|---|---|---|---|---|---|---|---|---|---|---|---|
| 沉积厚度 | 0.079 | 0.45 | 0.198 | 0.160 | 0.238 | 0.001 | 0.074 | 0.186 | 0.276 | 0.406 | 0.280 | 0.283 | 0.170 | 0.136 | 0.212 |

注：具体算法：

1. 用 1989—2003 年入、出乌梁素海的水量分别乘以乌梁素海入口和出口悬浮物的浓度，求出入、出乌梁素海悬浮物量。

2. 用悬浮物量除以淤积泥沙密度：1.25 $t/m^3$，最后求得进入乌梁素海的泥沙体积。

3. 用泥沙体积量除以 293 $km^2$，求得悬浮物最终沉积的平均厚度。

4. 2004 年及其以后乌梁素海水质监测未测得悬浮物的浓度，没有具体数据。

## 2.4.3 “黄苔”灾害分析

2008 年 5 月，乌梁素海出现了大量漂浮在水面的团块状黄色藻类，散发出一种难闻的味道。研究表明该藻类主要是由水绵、双星藻、转板藻三个属的丝状藻类组成。丝状藻类属于固着藻类，其表面附生有丝状蓝藻、硅藻等。丝状藻类首先附着在沉水植物、底泥表面生长，达到一定生物量后，形成团块，随光合作用产生的气泡飘浮至水面，团块表层受强光照射部分死亡而呈黄色，被称为“黄苔”，如图 2-20 所示。

图 2-20 乌梁素海湖区“黄苔”暴发期现状图

根据国家卫星气象中心郑伟发表的《内蒙古乌梁素海“黄苔”暴发卫星遥感动态监测》研究成果，可知 5 月至 10 月初乌梁素海“黄苔”面积统计如图 2-21 所示。结果表明，乌梁素海在 5 月初之前，未发现“黄苔”信息，5 月中旬湖区内开始出现“黄苔”，面积约 30 $km^2$；6 月上旬，“黄苔”面积有所增大，到了下旬，“黄苔”面积明显增大，达到约 63 $km^2$，严重程度“黄苔”的面积也明显扩大，达 7.3 $km^2$；7 月上旬，“黄苔”面积达到最大值，约 71 $km^2$ 时，占明水体面积的 59%，严重程度“黄苔”的面积达 12 $km^2$，进入中下旬，乌梁素海继续维持大范围的“黄苔”；8 月以后，“黄苔”面积逐渐减小；到 10 月初，“黄苔”信息已经基本消失。

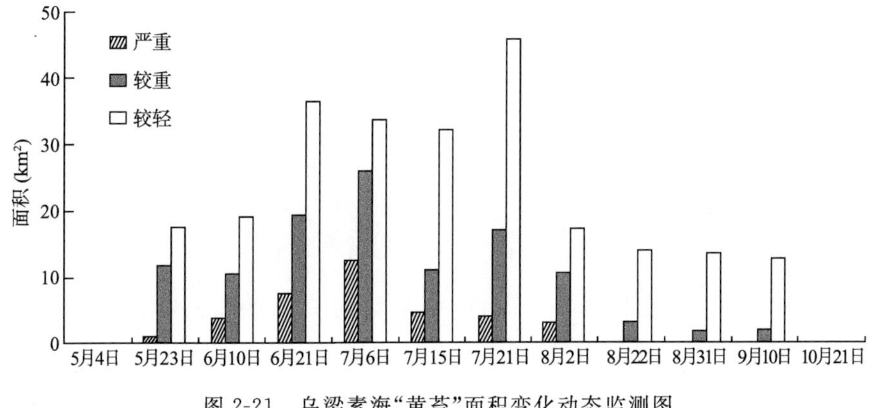


图 2-21 乌梁素海“黄苔”面积变化动态监测图

## 2.5 乌梁素海生态灾变期间经济影响分析

2007 年 7 月 23 日，中国气象局值班快报第 386 期刊登《卫星监测内蒙古乌梁素海仍有较大范围“黄苔”》的情况报道。根据报道，2007 年 5 月中旬乌梁素海开始出现“黄苔”，6 月下旬初期，“黄苔”面积达到 8.38 万亩，占明水体面积的 47%，较为严重的“黄苔”面积扩大到 2 万亩；7 月 21 日，“黄苔”面积约为 6.39 万亩，占明水体面积的 36%，较为严重的“黄苔”面积约为 1.59 万亩。2008 年 5 月乌梁素海再次暴发了“黄苔”事件。根据有关资料，2008 年 5 月上旬，乌梁素海出现了大面积“黄苔”，最盛期在 6 月中下旬发生面积达 8 万余亩。

随着气温的升高，这一植物在明水区逐渐蔓延，专家定性意见，“黄苔”是由于绿藻门的丝状藻类大量繁殖生长所致，这些丝状藻类大片生长于水底或成大片的团块漂浮水面，通常称为“青泥苔”或“水绵”。它们是由绿门藻结合藻纲双星藻目双星科的几种丝状藻类组成，主要成分是水绵、双星藻、转板藻等 3 个属的藻类（目前世界上已知的丝状藻类有近 800 种，我国已知有 300 余种）。

### 2.5.1 生态灾变暴发的原因及危害

(1)暴发原因

“黄苔”这类植物一般生产在浅水区。由于湖区水体富营养化，氮磷钾几种营养盐比例失调，并且磷的含量较高的条件下最容易发生。开始时在潜水处萌发，初生的为绿色细丝状，一缕缕绿色“细丝”附着在水底或者像网一样悬浮在水中，大量繁殖时常是为数极多的丝聚集成团，颜色呈暗绿色，经阳光照射后，放出的氧气常聚于丝团中，使之漂浮于水面，当接合孢子成熟时，变老的水绵由绿色变成黄绿色，呈团状漂浮在水面，如图 2-22 所示。

图 2-22　乌梁素海“黄苔”暴发

(2)暴发的危害

①对乌梁素海内自然繁殖的鱼类资源构成威胁,会将鱼苗困在丝网中缠绕和困饿而死。

②因“黄苔”大量消耗水体中的养分,使水质变得更坏,造成鱼类死亡,同时会抑制浮游性藻类的繁殖生长和优势种群的形成,影响浮游动物的生长繁殖,进而对摄取浮游动植物的鱼类食物来源造成影响,鸟类也会因此失去食物来源而受到严重生存威胁,这样就破坏了水体生物链的良性循环,对整个乌梁素海的生态平衡产生不良影响。

③“黄苔”一旦集中大量死亡、腐烂,会造成水质变坏,衰老和死亡的水绵会产生大量沉积物和孢子,会加速水体的沼泽化进程。

### 2.5.2　生态灾变期间经济影响分析

生态灾变在 2007 年被发现,从每年的 5 月底暴发,到 9 月初结束。

生态灾变期间,由于“黄苔”大量漂浮于水面,使得湖水混浊,旅游产业受到很大的影响,并且“黄苔”暴发还直接影响到环湖生活的渔民和村民的正常生活和工作。

受影响人口为乌梁素海附近渔场职工和附近的村民,人口在 6000 人左右。生态灾变期间,乌梁素海水域东大滩、保护区核心区、口口脑包、西大滩、小海子、大北口小哇、二〇六、海壕等少部分芦苇地未长“黄苔”外,其余都长满“黄苔”,生态灾变期各项指标如表 2-22 所示。

表 2-22　生态灾变期各项指标

| 年份 | 受影响人口(万人) | 鱼类死亡情况 | 救灾投入资金(万元) | 水华发生范围占评价区面积(%) |
|---|---|---|---|---|
| 2007 | 0.6 | 严重 | 150 | 47 |
| 2008 | 0.6 | 严重 | 700 | 36.5 |
| 2009 | 0.6 | 严重 | 500 | |
| 2010 | 0.6 | 严重 | | 49.9 |

根据调查，现在，乌梁素海渔场经营收入主要以苇业和渔业为主，这些收入远远不能满足渔场职工最基本的生活需要，因此，只有在每年芦苇收获季节和捕鱼季节回到渔场工作，其他时间到外地打工从事其他第三产业工作。渔场职工也在不断外迁，据调查，现有职工人数在2200人左右。

救灾过程中，采用人工水面打捞，并对捞出的水绵作妥善处理，防止水绵孢子因各种因素再大量进入水中；泥沙覆盖，利用清淤机械，抽取底层泥浆，喷洒于水绵上，抑制其继续大量生长并致其逐渐死亡。通过2007年救灾投入资金150万元，2008年救灾投入资金700万元，2009年救灾投入资金500万元等大量救灾资金的投入，使得乌梁素海"黄苔"暴发得到控制，总体经济损失在减少，在这些措施的综合运用下，"黄苔"暴发得到逐步控制。

# 3 乌梁素海环境生态压力分析

湖岸带生态环境的持续恶化,将会对人口密度高、经济水平发达的湖岸地区造成不可估量的损失。因此,当前对乌梁素海环境的管理,不能仅对乌梁素海环境的“状态”进行调控,而应该具体分析各种不同的“压力”以及“压力”的作用过程。理想的状况应该是在“压力”对“状态”发生质的作用前,调控“压力”,使好的“状态”得以保持。要调控“压力”,就必须在“压力”分析的基础上,建立好的对策“响应”。本章通过分析乌梁素海湖滨带土地利用压力、土地利用变更分析、土壤侵蚀、湿地演化、产业发展压力、废水及废水中污染物,发现导致乌梁素海生态环境压力的主要因素,为真正改善乌梁素海水资源与水环境的状况,保护好乌梁素海的生态安全提出合理性对策和建议。

## 3.1 乌梁素海环境压力

乌梁素海位于内蒙古巴彦淖尔市乌拉特前旗境内,为自治区级重要的湖泊湿地自然保护区,南北长 35～40 km,东西宽 5～10 km,湖面高程多年平均值为海拔 1018.5 m。库容量(2.5～3)×$10^8$ 亿 $m^3$,最大水深 3.9 m,80%水域水深 0.8～1.0 m,现有水域面积 293 $km^2$。目前,乌梁素海沉水植物分布面积 102 $km^2$,以龙须眼子菜为优势种,生产量 8.5×$10^4$ tDW/a,平均生物量 875 gDW/$m^2$。

乌梁素海是于 1850 年由黄河改道而形成的河迹湖,是黄河流域的最大湖泊,是全球范围内半荒漠地区极为少见的具有很高生态效益的大型多功能湖泊,在我国湿地、荒漠及动物物种三大生态系统保护中均具有十分重要的地位。乌梁素海以河套灌区农田排水为主要补给源,经乌加河汇入乌梁素海后由西山嘴的河口排入黄河,是河套灌区排灌水系的重要组成部分,对灌区排水和控制盐碱化起着关键作用,对于调节湖周农牧区的小气候、维持生态平衡有着极其重要的意义。

### 3.1.1 湖滨带土地利用压力

自然过程、人类活动一直在影响着土地利用/覆被(LUCC)格局的变化发展。尤其在人口与经济结构频繁调整变化发展的当今社会,人们对土地不同的作用方式更是在强烈地影响甚至改变土地利用格局的分布与组合态势。湖滨带是生态交错区的一种类型,历来是人类活动最集中的场所,也是地球上最脆弱的生态系统之一。大规模的湖滨带开发已经严重干扰生态系统正常演替，带来诸如生物多样性丧失、湿地退化、土壤侵蚀等环境问题。如何科学管理湖滨带、规范湖滨带土地利用方式已经引起人们广泛关注。在遥感和 MAPGIS 的支持下，利用乌梁素海多个时期的遥感影像和地形图获得的土地利用/覆被类型数据，分析研究区土地利用现状及土地利用格局变化，可为乌梁素海土地利用规划宏观决策提供科学依据。

#### 3.1.1.1 研究方法

遥感技术以其观测范围大、重复周期短、多光谱和信息量大的特点成为湖泊区域环境、土地利用、资源动态监测的有力手段。湖泊是一种面状分布的地表水体，它与地表的其他地物相比具有明显的反射、辐射差异。因此湖泊在遥感图上呈现出独特的影像特征，易与其他地物区别。

(1)基础数据来源

①基础数据主要来源于《中国湖泊环境》、《乌梁素海哈素海渔业资料考察论文集》、巴彦淖尔市统计年鉴、《内蒙古河套灌区节水改造与续建配套工程生态环境影响报告》以及相关统计资料收集汇总分析、现场勘察和遥感调查。

②遥感信息数据源：研究中采用的遥感数据是由美国 Landsat 4/5 和美国 Landsat 7 资源卫星在 1986—2010 年每年 7 月或 8 月获得的 TM 1986—2002、ETM 2003—2010 数据，其地面分辨率为 30 m，同时以大比例尺的土地利用图和该区 1∶1 万地形图作为辅助数据。遥感数据源共 25 年 TM 卫星影像，同时参考 Google earth 遥感影像。

(2)遥感数据处理

①影像的几何校正：为了使两时像影像对应的地物吻合，方便后期动态数据获取，必须用几何校正法完成配准。应用中采用 ENVI 软件，以 1∶1 万地形图为标准，分别在历年遥感影像上均匀地选择 30 个控制点，采用双线性内插运算对影像进行重采样，完成配准。配准精度均小于一个像元，满足要求。

②影像的增强：当影像目视效果不太好，或者有用信息不够时，就需要做影像增强处理。主要方法有：对比度扩展(线性变换、非线性变换)、主成分分析、锐化边缘增强等。应用主要通过对比度扩展来提高图像质量和突出所需的信息。对比度扩展是通过改变像元的亮度值来改变影像像元对比度，从而改善影像质量的影像处理方法。亮度值是辐射强度的反映，也称之为辐射增强。观察遥感影像直方图的形态接近正态分布，则说明影像较好，可以直接使用；若直方图峰值偏向亮度坐标轴左或右侧，则说明影像偏暗或过于刺眼，影像高密度值过于集中，不利于后期解译。

③影像的融合：是将同一场景中多源遥感数据采用一定算法生成一组新的信息或合成影像的过程。人眼对黑白影像的观察能力一般只能分辨 20 级

左右，而对彩色影像的分辨能力则可达 100 多种，远远大于对黑白亮度值的分辨能力。因此，进行不同波段影像融合，可以更全面地获取地物信息，利于解译。TM 影像的 7 个波段中，第 2 波段为绿色波段(0.52～0.60 μm)，第 4 波段是近红外波段(0.76～0.90 μm)，第 3 波段为红色波段(0.63～0.69 μm)，通过将 TM 4-3-2 RGB 合成，得到假彩色合成影像。

(3)信息提取

①分类系统划分：参照全国土地利用现状调查技术规程、全国土地利用现状分类系统及当地土地利用数据，根据实地调查和卫星遥感影像解译，依据土地的自然生态和利用属性将湖滨带土地利用现状划分为耕地、林地、草地、水域、工矿居民用地、未利用土地等 6 种土地类型。依据土地经营特点、利用方式和覆盖特征又细分为 11 种亚类，根据耕地地形特征进行三级划分，即进一步划分为平原、丘陵、山区和坡度大于 25 度的耕地。

②分类系统及含义如下。

a. 耕地：指种植农作物的土地，包括熟耕地、新开荒地、休闲地、轮歇地、草田轮作地；以种植农作物为主的农果、农桑、农林用地；耕种三年以上的滩地和海涂。

b. 旱地：指无灌溉水源及设施，靠天然降水生长作物的耕地；有水源和浇灌设施，在一般年景下能正常灌溉的旱作物耕地；以种菜为主的耕地；有正常轮作的休闲地和轮歇地。

c. 林地：指生长乔木、灌木、竹类以及沿海红树林地等林业用地。

d. 有林地：指郁闭度>30%的天然林和人工林，包括用材林、经济林、防护林等成片林地，其中，郁闭度为森林中乔木树冠遮蔽地面的程度。

e. 疏林地：指郁闭度为 10%～30%的稀疏林地。

f. 草地：指以生长草本植物为主、覆盖度在 5%以上的各类草地，包括以牧为主的灌丛草地和郁闭度在 10%以下的疏林草地。

g. 高覆盖度草地：指覆盖度>50%的天然草地、改良草地和割草地。此类草地一般水分条件较好，草被生长茂密。

h. 中覆盖度草地：指覆盖度在 20%～50%的天然草地和改良草地。此类草地一般水分不足，草被较稀疏。

i. 低覆盖度草地：指覆盖度在 5%～20%的天然草地。此类草地水分缺乏，草被稀疏，牧业利用条件差。

j. 水域：指天然陆地水域和水利设施用地。

k. 滩地：指河、湖水域平水期水位与洪水期水位之间的土地。

l. 城乡、工矿、居民用地：指城乡居民点及其以外的工矿、交通等用地。

m. 农村居民点用地：指镇以下的居民点用地。

n. 未利用土地：目前还未利用的土地，包括难利用的土地。

o. 沙地:指地表为沙覆盖、植被覆盖度在5%以下的土地,包括沙漠,不包括水系中的沙滩。

p. 盐碱地:地表盐碱聚集、植被稀少,只能生长强耐盐碱植物的土地。

q. 沼泽地:指地势平坦低洼、排水不畅、长期潮湿、季节性积水或常年积水,表层生长湿生植物的土地。

③建立解译标志:利用TM影像结合野外调查,对影像建立解译影像,为下一步计算机分类和人工判读奠定基础。

④人机交互解译分类:一般来说,人工目视解译对研究人员的经验要求比较高,利用计算机进行分类速度要快一些,且精度比较高,操作简单。研究中,先利用计算机对获取的野外解译标志进行分类,然后根据遥感影像特征,对2009年TM 4-3-2 RGB合成影像进行人工判读。

#### 3.1.1.2 结果分析

调查各土地利用类型及面积,绘制土地利用类型现状图。湖滨带土地利用现状如图3-1所示(见第45页),统计数据如表3-1所示。

**表3-1 土地利用现状统计数据表**

| 土地类型 | | 面积($hm^2$) | 百分比(%) |
|---|---|---|---|
| 一级类型 | 二级类型 | | |
| 1 耕地 | 1.2.3 平原旱地 | 19008.94 | 38.15 |
| 2 林地 | 2.1 森林 | 2.14 | 0.004 |
| | 2.3 疏林地 | 32.78 | 0.07 |
| 3 草地 | 3.1 高覆盖度草地 | 6761.97 | 13.57 |
| | 3.2 中覆盖度草地 | 9279.93 | 18.62 |
| | 3.3 低覆盖度草地 | 7095.42 | 14.24 |
| 4 水域 | 4.6 滩地 | 64.76 | 0.13 |
| 5 工矿居民用地 | 5.2 农村居民点 | 1877.53 | 3.77 |
| 6 未利用土地 | 6.1 沙地 | 3503.90 | 7.03 |
| | 6.3 盐碱地 | 2150.47 | 4.316 |
| | 6.4 沼泽地 | 49.83 | 0.10 |
| 合计 | | 49827.67 | 100.00 |

根据统计数据,评价区内土地利用方式以草地和耕地为主,占评价区面积的84.58%。耕地主要分布在湖区的西部、北部,东部有零星分布,占评价区面积的38.15%。草地主要分布在东部及东南部,占评价区面积的46.43%,草地以中覆盖度草地为主,占评价区面积的18.62%;高覆盖度草地和低覆盖度草地分别占13.57%、14.24%。未利用土地呈斑块状分布在东部及北部,面积为57.04 $km^2$,占

评价区面积的11.46%。农村居民用地面积为18.78 km$^2$,占评价区面积的3.77%。湖区东部、南部的碱草、碱丛、草场、荒漠等自然景观,色彩丰富艳丽,层次感强。

### 3.1.2 湖滨带土地利用变更分析

土地利用/土地覆被变化一方面与自然环境演变相关,另一方面与人类活动的不断增强密切相关。人类活动对自然环境的影响日趋明显,研究土地利用变化及其对生态环境的影响,探讨可持续土地利用途径和模式将成为重点。本节以大比例尺土地利用类型图及遥感影像为基础数据,利用GIS技术对乌梁素海湖滨带两年土地利用类型进行遥感解译与制图,在此基础上对评价区土地利用变化情况进行统计分析。

土地利用遥感动态监测研究中的主要数据源有遥感影像、GIS各种统计数据和调查数据等。遥感数据种类繁多,必须根据实际的需要选取合适的数据源,既要满足土地资源的调查精度、快速动态监测,又要考虑成本和数据质量。评价区所使用的数据为1986年和2009年Landsat TM影像各一景,空间分辨率是30 m。影像覆盖远大于研究区实际面积,影像清晰,无云层覆盖,质量较好,能满足动态监测要求。辅助资料有该区1∶5万地形图等。

利用TM影像结合野外调查,对影像建立解译影像,可以为下一步计算机分类和人工判读奠定基础。研究中,先利用计算机对获取的野外解译标志进行分类,然后根据遥感影像特征,对1986年和2009年TM 4-3-2 RGB合成影像进行人工判读。在ARCVIEW专业软件中对24年来变化比较明显而计算机又没有解译出来或解译错误的地方进行修改,为下一步在ARCGIS中进行数据统计做准备。评价区土地利用变更如图3-2所示,统计数据如表3-2所示。

**表3-2 评价区土地利用变更数据表**

| 变更前类型 | 变更后类型 | 面积(hm$^2$) | 百分比(%) |
|---|---|---|---|
| 土地利用没有变化 | | 78100.54 | 90.62 |
| 耕地 | 低覆盖度草地 | 748.97 | 0.87 |
| 高覆盖度草地 | 低覆盖度草地 | 1574.74 | 1.827 |
| 中覆盖度草地 | 低覆盖度草地 | 974.09 | 1.13 |
| 中覆盖度草地 | 沙地 | 65.85 | 0.076 |
| 沼泽地 | 耕地 | 2194.44 | 2.546 |
| 沼泽地 | 盐碱地 | 2526.13 | 2.931 |
| 合计 | | 86184.76 | 100.00 |

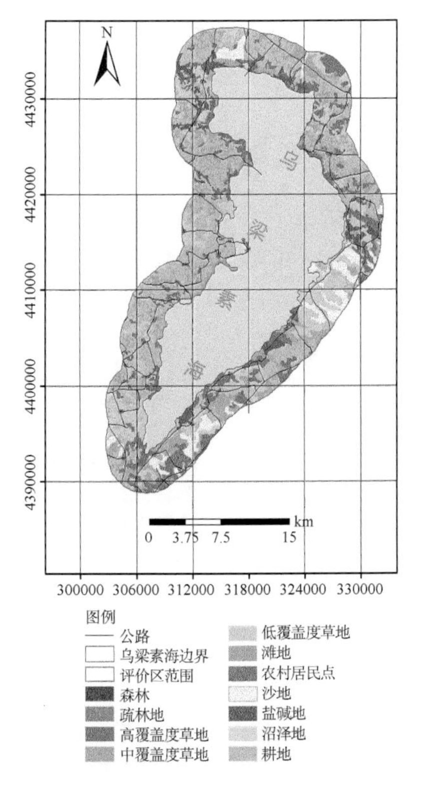


图 3-1　评价区土地利用现状图(见彩图)

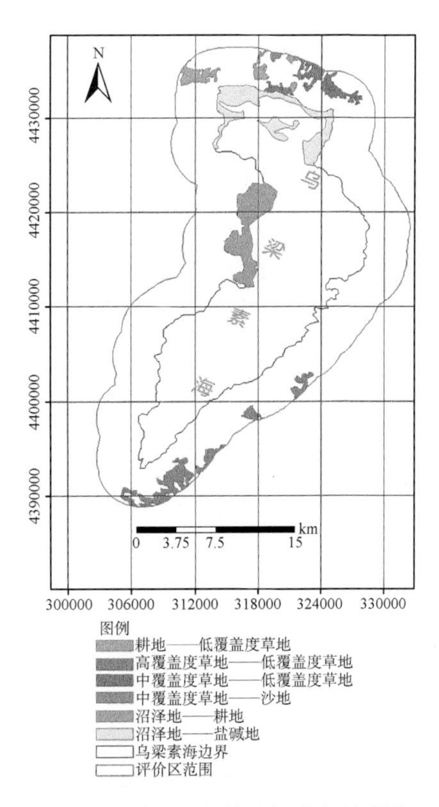


图 3-2　评价区土地利用变更图(见彩图)

通过遥感宏观调查的方法获得乌梁素海湖滨带土地利用变化情况。以上数据表明:评价区域内土地利用没有发生变化的面积为 781.01 $km^2$,占评价面积的 90.62%。土地利用发生变化的占 9.38%,其中耕地、高覆盖度草地、中覆盖度草地、沼泽地都有所减少。沼泽地减少幅度最大,为 5.48%,变更为耕地和盐碱地。草地减少幅度也较大,为 3.04%,草地的覆盖度变低或变为沙地。

由表 3-2 可知,24 年来,乌梁素海湖滨带出现了一些问题,如植被减少、荒废耕地、土地盐渍化、沙漠化和环境质量下降等。人类必须采取及时有效措施进行合理规划,科学地进行管理、开发、利用,坚持统筹规划,从实际出发,因地制宜,坚持把生态环境建设与产业开发、区域经济发展相结合,通过开展植树种草,治理水土流失,防治荒漠化等方式,实现乌梁素海湖滨带可持续发展的战略。

### 3.1.3　土壤侵蚀

土壤侵蚀是一个自然生态系统被破坏的过程,在水力、风力、冻融、重力等自然营力和人类活动作用下,土壤或其他地面组成物质被破坏、剥蚀、搬运和沉积的过程。乌梁素海是全球荒漠半荒漠地区极为少见的大型草原湖泊,评价区域范围内土壤侵蚀的特点是以水蚀为主、风蚀为辅。从总体上看，评价区土地沙化为极敏感，水土流失为极敏感。

#### 3.1.3.1 评价方法

采用土壤侵蚀划分类型标准，对本区土壤侵蚀进行分类评价。土壤水力侵蚀的强度分级标准如表 3-3 所示，其面蚀（片蚀）分析指标如表 3-4 所示，沟蚀分级指标如表 3-5 所示，风力侵蚀的强度分级如表 3-6 所示。

**表 3-3 土壤水力侵蚀的强度分级标准**

| 级别 | 平均侵蚀模数[t/(km² · a)] | 平均流失厚度(mm/a) |
|---|---|---|
| 微度 | <200,<500,<1000 | <0.15,<0.37,<0.74 |
| 轻度 | 200,500,1000～2500 | 0.15,0.37,0.74～1.9 |
| 中度 | 2500～5000 | 1.9～3.7 |
| 强烈 | 5000～8000 | 3.7～5.9 |
| 极强烈 | 8000～15000 | 5.9～11.1 |
| 剧烈 | >15000 | >11.1 |

注：本表流失厚度系按土的干密度 1.35 g/cm³ 折算，各地可按当地土壤干密度计算。

**表 3-4 土壤侵蚀强度面蚀(片蚀)分级指标**

| 地类 \ 地面坡度(°) | | 5～8 | 8～15 | 15～25 | 25～35 | >35 |
|---|---|---|---|---|---|---|
| 非耕地林草盖度(%) | 60～75 | 轻度 | 轻度 | 中度 | 中度 | 中度 |
| | 45～60 | 轻度 | 轻度 | 中度 | 中度 | 强烈 |
| | 30～45 | 轻度 | 中度 | 中度 | 强烈 | 极强烈 |
| | <30 | 中度 | 中度 | 强烈 | 极强烈 | 剧烈 |
| 坡耕地 | | 轻度 | 中度 | 强烈 | 极强烈 | 剧烈 |

**表 3-5 土壤侵蚀强度沟蚀分级指标**

| 沟谷占坡面面积比(%) | <10 | 10～25 | 25～35 | 35～50 | >50 |
|---|---|---|---|---|---|
| 沟壑密度(km/km²) | 1～2 | 2～3 | 3～5 | 5～7 | >7 |
| 强度分级 | 轻度 | 中度 | 强烈 | 极强烈 | 剧烈 |

**表 3-6 土壤风力侵蚀的强度分级**

| 级别 | 床面形态<br>(地表形态) | 植被覆盖度(%)<br>(非流沙面积) | 风蚀厚度<br>(mm/a) | 侵蚀模数<br>[t/(km² · a)] |
|---|---|---|---|---|
| 微度 | 固定沙丘<br>沙地和滩地 | >70 | <2 | <200 |

续表

| 级别 | 床面形态<br>(地表形态) | 植被覆盖度(%)<br>(非流沙面积) | 风蚀厚度<br>(mm/a) | 侵蚀模数<br>[t/(km² · a)] |
|---|---|---|---|---|
| 轻度 | 固定沙丘<br>半固定沙丘沙地 | 50～70 | 2～10 | 200～2500 |
| 中度 | 半固定沙丘沙地 | 30～50 | 10～25 | 2500～5000 |
| 强烈 | 半固定沙丘<br>流动沙丘沙地 | 10～30 | 25～50 | 5000～8000 |
| 极强烈 | 流动沙丘沙地 | <10 | 50～100 | 8000～15000 |
| 剧烈 | 大片流动沙丘 | <10 | >100 | >15000 |

### 3.1.3.2 结果分析

根据现场踏勘调查、遥感影像解释及参考相关资料，评价区土壤侵蚀现状如图 3-3 所示，统计数据如表 3-7 所示。

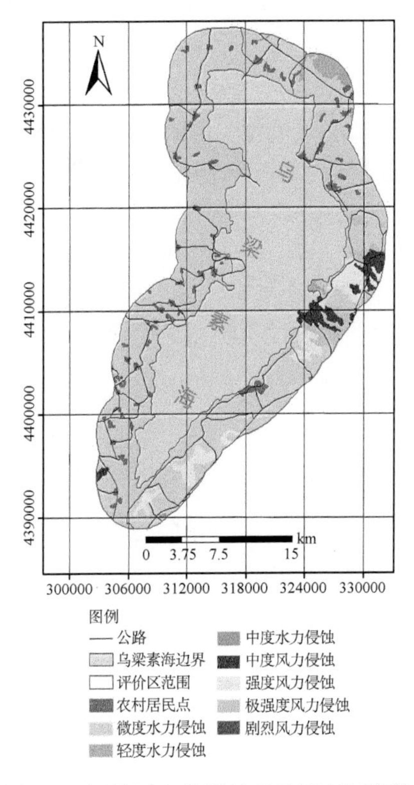


图 3-3 评价区土壤侵蚀现状图(见彩图)

表 3-7　评价区土壤侵蚀面积统计表

| 侵蚀类型 | | 面积($hm^2$) | 百分比(%) |
| --- | --- | --- | --- |
| 1 土壤水蚀 | 11 微度侵蚀 | 41593.70 | 83.48 |
| | 12 轻度侵蚀 | 842.97 | 1.69 |
| | 13 中度侵蚀 | 62.91 | 0.13 |
| | 小计 | 42499.58 | 85.29 |
| 2 土壤风蚀 | 23 中度侵蚀 | 1482.27 | 2.97 |
| | 24 强度侵蚀 | 2741.94 | 5.50 |
| | 25 极强度侵蚀 | 1215.70 | 2.44 |
| | 26 剧烈侵蚀 | 11.41 | 0.02 |
| | 小计 | 5451.33 | 10.94 |
| 其他 | | 1876.82 | 3.77 |
| 合计 | | 49827.72 | 100.00 |

以上数据表明：评价区域内土壤侵蚀的特点是以水蚀为主，风蚀为辅。评价区内土壤水蚀面积 425.00 $km^2$，占评价面积的 85.29%，主要以微度水力侵蚀为主，占 83.48%；土壤风蚀面积 54.51 $km^2$，占评价区面积的 10.94%。

土壤侵蚀的自然因素主要是地形、土壤、地质、植被和气候等。从地形看，乌梁素海地处黄河河套灌区东端，地势最低，北侧与狼山洪积扇相接，东侧与乌拉山洪积阶地相连，乌梁素海居中间，草原、荒漠围周边，是一个地处干旱气候带的引黄灌区，地势平缓，水力坡度小，含水层颗粒细，降水稀少，蒸发强烈，引黄量大。从气候因素分析，该区地处大陆性干旱、半干旱气候带，具有显著大陆性气候特征。冬季严寒少雪，夏季高温干热，降雨量少且年内变化较大、分配极不均衡，蒸发量大，干燥多风，日温差大，日照时间长，无霜期短。人为因素主要表现在滥垦、滥牧、滥伐、滥居、滥挖等对植被的破坏。上述自然条件和人为因素都会促进土壤侵蚀的产生和发展。

### 3.1.4　内蒙古乌梁素海湿地演化

#### 3.1.4.1　研究意义

以大型水生植物响应为主的草型湖泊的自然老化，以及人类对湖泊生态系统的干扰，使以湖泊为依托的湿地生态系统的功能随湖泊的沼泽化而逐渐消失。目前，我国有 26%的天然湿地面临着环境污染的威胁。因此，研究湿地类型时空演化规律，对保护和改善生态环境具有重要意义。湿地分类的主要生态指标包括水生植被、水成土壤和地貌等，它们具有易观察性、易分类性和相对稳定性等特征。

湿地是地球上独特的自然地理单元和生态景观单元，具有巨大的资源潜力和环境功能，被喻为“地球之肾”。人类对湖泊生态系统的干扰，使以湖泊为依托的湿地生态系统的功能随湖泊的沼泽化进程而逐渐消失。对湿地信息类型及其时空格局演化规律的定量分析研究，可以深刻理解形成与控制景观时空格局的因子和机制，把握景观变化的过程，对认识区域范围内气候变化、土地利用、植被盖度和生物多样性变化的意义极为重大，对保护和改善区域生态环境具有重要功效，是全球关切的热点之一。湿地类型区为水体、植被、土壤中的一种或多种组合结构。水生植被具有易观察性、易分类性和相对稳定性等特征，作为湿地分类的主要生态指标得到公认。

本节将3S(GIS、RS和GPS)技术与景观生态理论方法相结合，以半荒漠地区受人类活动干扰最严重的大型多功能湖泊湿地乌梁素海为研究对象，在不同时间和空间粒度下把握湖泊湿地地物的影像特征，挖掘其景观变化特征的同时，定量分析不同类型区的变化，掌握湿地资源现状及变化趋势，揭示湿地的演变规律，对湿地的保护和重建有着重要意义。

#### 3.1.4.2 研究方法

同3.1.1.1研究方法。

#### 3.1.4.3 基础数据与遥感解译

(1)数据来源

基础数据、相关资源与生态环境调查资料及遥感信息数据源同3.1.1湖滨带土地利用压力。

(2)数据处理方法

遥感数据由北京遥感卫星地面接收，并在地面站进行粗纠正。通过寻找地面标志物，根据控制点，对TM影像进行几何精纠正，由于TM影像有着较小的像元面积，因此，几何纠正时控制点位置精度大大提高。在TM的7个波段中，TM2可见光波段，用于分辨植被；TM3为红色波段，处于叶绿素吸收区域，用于观测植被种类效果很好；TM4是近红外波段，主要反映了植物的光谱特性，对生物量及作物长势反应敏感，可以从植被中区分出水体。故用作基础遥感信息源的TM影像，由TM3、TM4、TM2波段进行假彩色合成，对水体类型和植被类型解译识别效果较好，所获得的影像成像清晰，色调丰富，各种信息较为明显。

调查方法与步骤如图 3-4 所示，利用遥感影像分析与实地调查相结合的方法，并采用综合的目视解译法进行分析。为了提取研究乌梁素海湖泊湿地环境的动态信息，首先要建立不同时期湖泊水域判读标志。水体对太阳光的吸收大于反射，对近红外辐射的吸收作用尤甚，因而在影像上均呈深黑色，浅水沼泽区呈粉白色，挺水植物密集区呈深黑夹杂绿色，湖中芦苇区呈亮绿色，它们之间以及与陆地之间的界线十分清晰，易于判断。TM 的 3,4,2 波段的组合有利于水体判读和植物群落分类，了解这些辅助标志，对 TM 上湖沼环境的解译大有裨益。

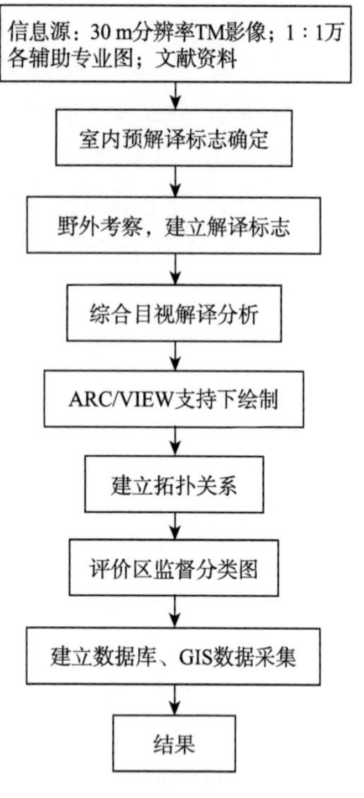

图 3-4　调查方法与技术路线框图

建立判读标志以后，即可以进行湖泊水域判读。首先利用研究区的地形图数据进行扫描矢量化，并利用专用软件通过人机交互式目视解译来完成。根据校正的标准地理坐标关系求出每个像元所占的实际面积，由此计算出研究区 TM 影像分类中各地类的面积。

根据全国土地覆盖/利用分类系统，参考本湖区各地类特征，共确定分出以下 4 种地类，如表 3-8 所示。

**表 3-8　评价区各种地类遥感解译分析及其解译标志**

| 类型 | 解译标志 |
|---|---|
| 明水区 | 水体呈深黑色 |
| 湖中芦苇区 | 呈亮绿色 |
| 湖周浅水沼泽区 | 呈粉白色 |
| 密集水草区 | 淡黑夹杂绿色 |

(3)遥感数据源的选择与解译

遥感解译使用的信息源主要为资源卫星 Landsat 4/5 和 Landsat 7 的 TM、ETM 遥感影像(轨道号：128/32)，数据获取时间 1986—2010 年每年 7 月或 8 月，选取这一时间段遥感数据，主要考虑到这一时期的地表类型差异是一年中最明显的时候，该时间段具有植被发育好、地表信息丰富的特点，有利于对各生态环境因子的研判。遥感影像如图 3-5 所示。

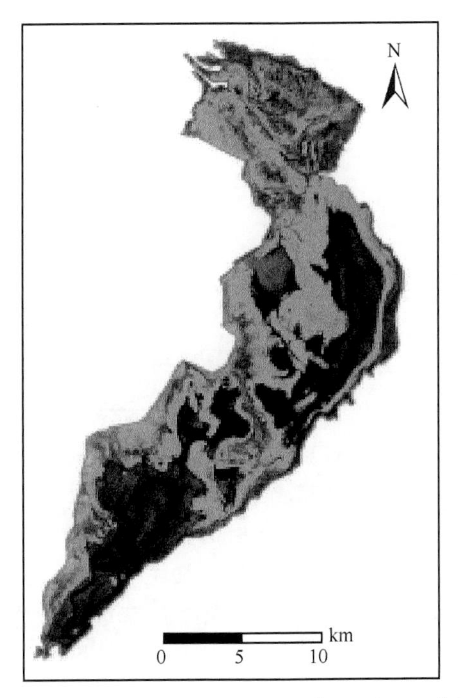


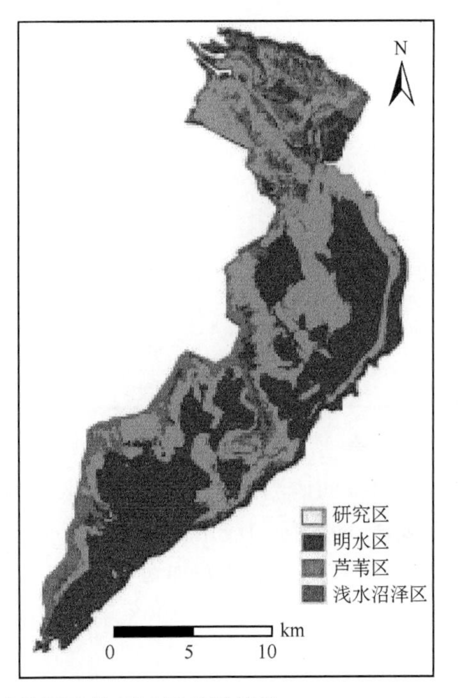


图 3-5 1986 年 8 月 9 日乌梁素海湿地的 TM 遥感影像及类型区的监督分类结果(见彩图)

#### 3.1.4.4 乌梁素海湿地演化进程的分析

应用 ENVI 软件对乌梁素海水域面积进行遥感解译分析,即对 12 个典型年份遥感影像 TM3、TM4、TM2 波段的合成影像进行数据提取。各年的 TM/ETM 影像均选自 8 月(或 7 月),根据该季节野外实地踏勘和影像信息的对比可知湖中芦苇区在合成影像上呈现亮绿色,密集水草区呈现淡黑色夹杂绿色,明水区呈现深黑色,浅水区呈现暗红色,沼泽区呈现粉白色,所以易于提取各类型区面积。对乌梁素海 1986 年 8 月 9 日及 2008 年 8 月 27 日的遥感影像进行对比分析,解译结果如表 3-9 所示。

**表 3-9 1986—2008 年乌梁素海湿地类型区面积及水位**

| 年份 | 类型区面积($km^2$) | | | 水位(m) |
|---|---|---|---|---|
| | 明水区 | 浅水沼泽区 | 芦苇区 | |
| 1986 | 135.0191 | 55.3104 | 122.4477 | — |
| 1991 | 133.3017 | 24.7536 | 158.0553 | — |
| 1995 | 146.9232 | 57.3453 | 204.2685 | 1017.8415 |
| 1997 | 120.1444 | 38.5056 | 164.2363 | 1017.5690 |
| 1999 | 115.3401 | 31.0175 | 180.5200 | 1017.7120 |

续表

| 年份 | 类型区面积($km^2$) | | | 水位(m) |
|---|---|---|---|---|
| | 明水区 | 浅水沼泽区 | 芦苇区 | |
| 2000 | 109.5122 | 54.0587 | 166.8598 | 1017.5158 |
| 2002 | 142.2832 | 45.4781 | 160.4522 | 1017.1666 |
| 2003 | 116.5661 | 39.2872 | 184.0320 | — |
| 2004 | 127.7636 | 28.4370 | 188.7326 | 1017.1650 |
| 2005 | 128.6050 | 25.2644 | 203.0600 | 1017.0514 |
| 2007 | 123.8239 | 36.3443 | 184.1928 | — |
| 2008 | 139.1904 | 23.0706 | 182.2610 | 1017.3836 |

结合遥感解译获取的各类型区面积与巴彦淖尔市排水事业管理局红圪卜扬水站提供的监测数据分析，因湖区补水主要是通过红圪卜扬水站控制，变化大且无规律，明水区和浅水沼泽区受补水的影响波动较大；芦苇区面积总体呈增加趋势，不同时期芦苇区叠加对比发现1986—1997年间芦苇面积增加主要是由于野生芦苇扩张，而1997—2008年间野生芦苇扩张缓慢，人工芦苇对芦苇区面积增加的贡献最大。

#### 3.1.4.5 结论

1986—2008年，乌梁素海湿地各景观要素的面积变化较大，芦苇、香蒲、沿岸浅水沼泽、沙洲和湖周面积明显增加，明水水草面积明显减少。后十年间天然芦苇扩张速度减缓，人工芦苇对芦苇区总面积扩张贡献最大。

自然因素和人为干扰均加速乌梁素海湿地向沼泽化、荒漠化迅速演替，其结构和功能正在发生迅速的转变。这种转变受多种原因的影响：其一，乌梁素海是由黄河改道而形成的河迹湖，其成因决定它的寿命不会长久，未来的某一天必然会消失。其二，乌梁素海地处荒漠及半荒漠地区，气候干燥、少雨，蒸发量大，水补给缺乏，这也是导致其逐步走向消失的自然环境因素。其三，人类对乌梁素海资源的过度开发利用，导致其向芦苇滩、泥沼滩、荒漠演替的速度加快。由于经济的发展，人们在乌梁素海周围建立多家工厂，周围的农业生产者为了提高农作物的产量，大量施用化肥，导致大量的工业废水、农田废水过度排入乌梁素海，使其自身调节能力大幅下降，水体富营养化盐含量迅速增高，水生植物蔓延，充斥水体，湖底生物填平作用加剧。

乌梁素海湿地各景观要素面积正在发生着快速的变化，这种变化导致该湿地的结构和功能也在发生改变。乌梁素海湿地正在快速地向沼泽化、荒漠化演变，乌梁素海湿地的结构和功能正在发生变化，人类若想长期利用该地资源，必须采取及时有效的措施进行合理规划，科学地进行管理、开发、利用，使乌梁素海湿地在有限的生命中充分发挥其功能与作用。

## 3.2 乌梁素海产业发展压力

### 3.2.1 人口压力

乌梁素海目前共有场部及分场10个，居民聚集点共10个，其中坝头地区是渔场场部，二分场、七分场和十分场集中于该地区，如表3-10所示。考虑到坝头作为乌梁素海管理局和额尔登布拉格苏木所在地，人口较为密集，同时包括渔场职工和苏木村民，具有典型性，据此选择坝头地区作为此次评估的典型村落。

**表3-10　乌梁素海分场及居民点基本情况统计表**

| 项目名称 | 人口数(人) | | | 地址 | 居民点面积($m^2$) | 主要产业 |
|---|---|---|---|---|---|---|
| | 小计 | 农户 | 职工 | | | |
| 一分场 | 393 | 36 | 357 | 坝湾 | 30750 | 渔、苇、副业 |
| 二分场 | 888 | 87 | 801 | 坝头 | 39450 | 渔、苇业 |
| 三分场 | 369 | 29 | 340 | 鸡乌素 | 12900 | 苇业、奶牛养殖 |
| 四分场 | 403 | 41 | 362 | 张家壕 | 13650 | 渔、苇业 |
| 五分场 | 384 | 37 | 347 | 大王圪旦 | 5700 | 苇业 |
| 六分场 | 167 | 14 | 153 | 乌拉特 | 9750 | 农、渔业 |
| 七分场 | 598 | 63 | 535 | 坝头 | 25950 | 渔、苇业 |
| 八分场 | 129 | 17 | 112 | 河口 | 9300 | 渔、苇、养殖业 |
| 九分场 | 200 | 20 | 180 | 南场 | 12000 | 渔、苇业 |
| 十分场 | 412 | 58 | 354 | 坝头 | 18750 | 苇业 |
| 总计 | 3943 | 402 | 3541 | | 178200 | |

### 3.2.2 第一产业发展形势与规模

坝头地区由乌梁素海渔场和额尔登布拉格苏木程二壕村赛胡洞嘎查两部分组成，其中乌梁素海渔场占地约6000亩，没有耕地，人数约1690人，主要从事渔业养殖，鱼塘面积约800亩，目前年产黑鱼90多万斤*，草鱼、鲤鱼、鲫鱼、鲶鱼等20多万斤。

赛胡洞嘎查占地约3.0万亩，耕地约1.8万亩，人数约208人，主要种植葵花、籽瓜、玉米、蔬菜等，牲畜以牛羊为主，目前约有3000多头(只)。

* 1斤=500 g，下同。

### 3.2.3 工业及城市化压力

#### 3.2.3.1 工业压力

根据乌梁素海流域污染企业 2009 年空间分布统计结果显示:杭锦后旗涉水工业企业 15 家,临河 54 家,五原 16 家,乌拉特前旗 45 家,乌拉特后旗 1 家,磴口 8 家。流域内的企业产生的污水大多数排入到各排干及支沟中,最后经过总排干进入乌梁素海。

#### 3.2.3.2 城市化压力

(1)人口概况

改革开放以来,随着巴彦淖尔市社会经济的迅猛发展,城镇居民收入水平的大幅攀升,人们的消费理念发生了深刻的变化。城镇居民对生活的需求,由量变上升到质变,消费结构发生变化,消费结构更趋合理,居民消费进入了优化升级阶段,消费的重心由"生存型"向"享受型"和"发展型"快速转移,居民消费质量随收入的快速增长提高到一个新的水平。从 1988 年到 1997 年底,全市城镇居民人均可支配收入由 1065 元增长至 2521 元,比 1988 年增长 150.34%;1998 年—2007 年底,全市城镇居民人均可支配收入由 2808 元增长至 7029.45 元,比 1998 年增长 150.33%;2008 和 2009 两年全市城镇居民人均消费支出分别达到 7964 元和 8937.32 元。历年城镇居民平均消费水平如图 3-6 所示。

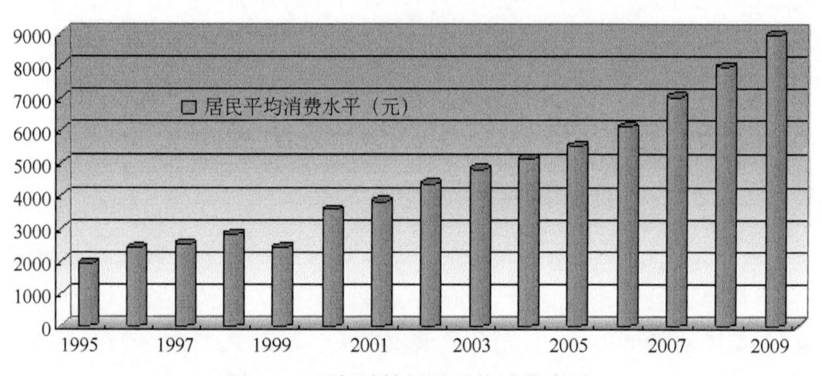


图 3-6 历年城镇居民平均消费水平

到 2009 年年末,全市国内生产总值达到 509.9 亿元,同该市 2003 年前的 151 亿元相比,增长了 2.38 倍。其中第二产业比重由 29.4%提高至 55%,提高了 25.6 个百分点。产业结构调整的进一步优化,为巴彦淖尔市城镇化的发展提供了很大的空间。截止到 2009 年,巴彦淖尔市城镇人口已达到 79.5 万人,占总人口的 45.9%,比撤盟设市的 2003 年的 32.6%提高了 13.3 个百分点,平均每年提高 2.2 个百分点。巴彦淖尔市近 20 年人均 GDP 如图 3-7 所示。

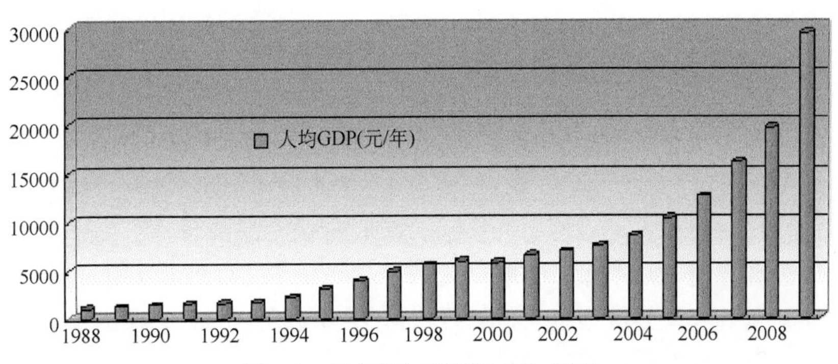


图 3-7 巴彦淖尔市历年人均 GDP

(2)人口结构

从 1988 年到 1997 年底,全市人口自然增长率由 10.7‰升至 12.35‰,人口密度由 22.1 人/$km^2$ 上升为 25.69 人/$km^2$,城镇化率由 2.1%提升到 23%;从 1998 年开始全市人口自然增长率由 12.39‰呈下降趋势,下降到 2007 年的 3.33‰,人口密度由 26.29 人/$km^2$ 上升为 26.43 人/$km^2$,城镇化率由 23.81%提升到 43.65%;2008 和 2009 两年全市人口自然增长率分别控制在 3.05‰和 2.53‰;人口密度分别为 26.52 人/$km^2$ 和 26.89 人/$km^2$,2010 年城镇化率提升至 45.86%。巴彦淖尔市 1988—2008 年城镇化率变化曲线如图 3-8 所示。

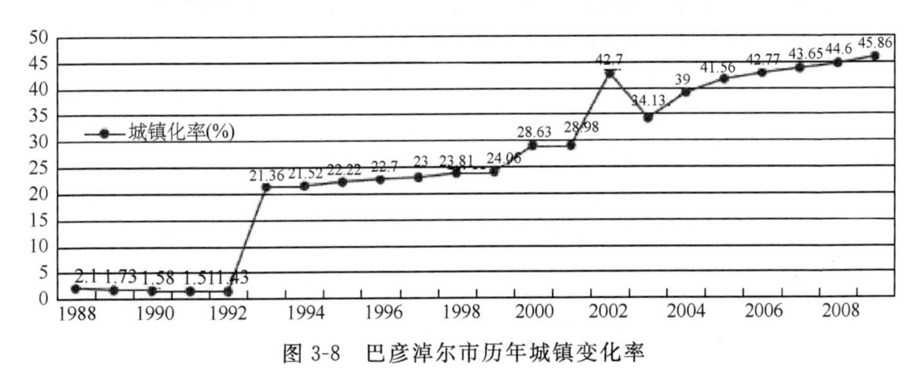


图 3-8 巴彦淖尔市历年城镇变化率

(3)城镇化进程

近年来,巴彦淖尔市加大建设投资力度,不断拓宽投资领域,鼓励和吸引国内外各种性质的投资来搞城市建设,城镇基础设施日臻完善。市政、市容建设不断改善,几年来,用于城镇基础设施建设投入逐年加大,1998 年 7 个旗县区政府所在地城镇基础设施建设投入仅为 6250 万元,到 2002 年增至 5.67 亿元,2003 年当年完成 3.07 亿元。11 个中心集镇从 1998 年到 2008 年投入 3.4 亿多元用于集镇建设。全市 7 个旗县区所在地城市道路总长度达 303.3 km,铺装 242.7 km,铺装率达到 80%以上,人均拥有道路面积 7.8 $m^2$。均建成排水系统，排水受益率达 75%以上。全市共有城市绿地 669.6 $hm^2$，绿化覆盖率达 15%，建城区绿地率 9.7%。建筑业生产以 17.93 亿元的增加值快速增长，房地产开发建设成绩显著。市政公用事业改革逐步深化。

2006 年，全市城乡建设投资要保证完成 60 亿元，城镇化率达到 41%。以推进工业化、产业化和大力发展服务业为依托，加强了城镇基础设施建设和发展城镇经济，深化城镇管理体制和强化经营城市，不断优化城镇空间布局，加快农牧区人口向城镇转移，实现以城带乡、城乡互动、协调发展的目标。围绕城乡一体化、城镇经济特色化、城镇建设现代化的发展方向，正在努力构建市域中心城市——临河、县域中心城市——6 个县城镇、县城以外的 11 个城镇三级机构体系，构建全市经济发展的核心地带。

"十一五"末，全市总人口达到 187 万，其中城镇人口 96 万，城镇化率达到 51.3%，比 2003 年提高 13%，城镇基础设施功能进一步完善，城市人均道路铺装面积达到 11 平方米，供水普及率达到 98%，供热普及率达到 60%，污水处理率达到 60%，垃圾粪便无害化处理率达 70%，气化率达 80%，建成区绿化覆盖率达 35%，生态建设与环保水平进一步提高，社会各项事业全面发展。

(4)主要存在的问题分析

随着巴彦淖尔市人口的不断增长，消费水平的不断提高，以及城镇化程度的加快，必然会对乌梁素海带来冲击，排入乌梁素海的污染物逐渐增加，每年排入乌梁素海的 COD、BOD、总氮、总磷等污染污染物呈现上升趋势，溶解氧指标呈现出下降趋势，并且随着人民生活水平的不断提高，污染物的排放量也在不断地增加，对于乌梁素海的影响也在不断增大，这也成为乌梁素海水质不断恶化的一个重要因素。

## 3.3 乌梁素海废水及废水中污染物

(1)用水现状分析

2009 年巴彦淖尔市行政分区水资源总利用量 53.68 亿 $m^3$，其中引黄用水量 46.557 亿 $m^3$，其他地表水用水量 0.537 亿 $m^3$，地下水用水量 6.592 亿 $m^3$。全市行政分区总利用水量中，农业用水量 51.936 亿 $m^3$，占总利用水量的 96.75%；工业用水量 0.982 亿 $m^3$，占总利用水量的 1.83%；生活用水量 0.768 亿 $m^3$，占总利用水量的 1.43%。全市行政分区总耗水量 37.152 亿 $m^3$，综合耗水率为 69.2%。农业、工业和生活耗水量分为：36.078 亿 $m^3$、0.543 亿 $m^3$ 和 0.531 亿 $m^3$。行政分区用、耗水量如表 3-11 所示。

表 3-11 2009 年巴彦淖尔市用、耗水量情况一览表 (单位:亿 $m^3$)

| 分 区 | 黄河水 | 其他地表水 | 地下水 | 合计 | 农业 | 工业 | 生活 | 合计 | 耗水量 |
|---|---|---|---|---|---|---|---|---|---|
| 全 市 | 46.557 | 0.537 | 6.592 | 53.686 | 51.936 | 0.982 | 0.768 | 53.686 | 37.152 |
| 临河区 | 11.25 | 0 | 0.691 | 11.941 | 11.45 | 0.243 | 0.248 | 11.941 | 7.965 |
| 磴口县 | 6.5 | 0 | 0.442 | 6.942 | 6.79 | 0.101 | 0.051 | 6.942 | 4.828 |
| 杭锦后旗 | 9.746 | 0 | 0.604 | 10.35 | 10.1 | 0.117 | 0.133 | 10.35 | 7.1 |
| 五原县 | 11.257 | 0 | 0.3 | 11.557 | 11.359 | 0.091 | 0.107 | 11.557 | 8.188 |
| 乌前旗 | 6.072 | 0.496 | 2.401 | 8.969 | 8.552 | 0.296 | 0.121 | 8.969 | 6.121 |
| 乌中旗 | 1.4 | 0.041 | 1.69 | 3.131 | 3.021 | 0.032 | 0.078 | 3.131 | 2.353 |
| 乌后旗 | 0.332 | 0 | 0.464 | 0.796 | 0.664 | 0.102 | 0.03 | 0.796 | 0.597 |

(2)用水回顾分析

长期以来,巴彦淖尔市多年平均实际引黄水量为 52 亿 $m^3$。按国务院办公厅(1987)61 号文件的黄河水资源分配方案,黄河正常来水年份分配自治区用水量为 58.6 亿 $m^3$。1999 年 10 月内蒙古自治区政府主席办公会议根据河套灌区节水项目规划,确定该市河套灌区待节水工程实施完成后,引黄水量指标定为 40 亿 $m^3$。2006 年,自治区政府以水权转换方式调整压缩河套灌区用水指标 3.6 亿 $m^3$,河套灌区用水指标由现在正常年份 40 亿 $m^3$ 减少到 36.4 亿 $m^3$。

2000—2009 年巴彦淖尔市工业、农业、生活用水情况如表 3-12 所示。由表 3-12 可知,十年来巴彦淖尔市用水结构总体变化不大,其中工业用水量从 2000 年的 0.567 亿 $m^3$ 增加到 2009 年的 0.987 亿 $m^3$,增加 0.420 亿 $m^3$。

表 3-12 巴彦淖尔市历年用水量情况一览表 (单位:亿 $m^3$)

| 年份 | 工业 | 农业 | 生活 | 合计 |
|---|---|---|---|---|
| 2000 | 0.567 | 51.597 | 0.808 | 52.972 |
| 2001 | 0.621 | 51.076 | 0.828 | 52.525 |
| 2002 | 0.602 | 49.273 | 0.687 | 50.562 |
| 2003 | 0.575 | 44.115 | 0.719 | 45.409 |
| 2004 | 0.522 | 46.845 | 0.736 | 48.103 |
| 2005 | 0.774 | 49.701 | 0.799 | 51.274 |
| 2006 | 0.877 | 48.276 | 0.793 | 49.946 |
| 2007 | 0.965 | 47.447 | 0.780 | 49.192 |
| 2008 | 0.958 | 47.114 | 0.786 | 48.858 |
| 2009 | 0.982 | 51.936 | 0.768 | 53.686 |

自 2001 年以来农业用水总体呈下降的趋势,而工业和生活用水却呈现与农业相反的趋势,逐步抬升,如图 3-9 和图 3-10 所示。

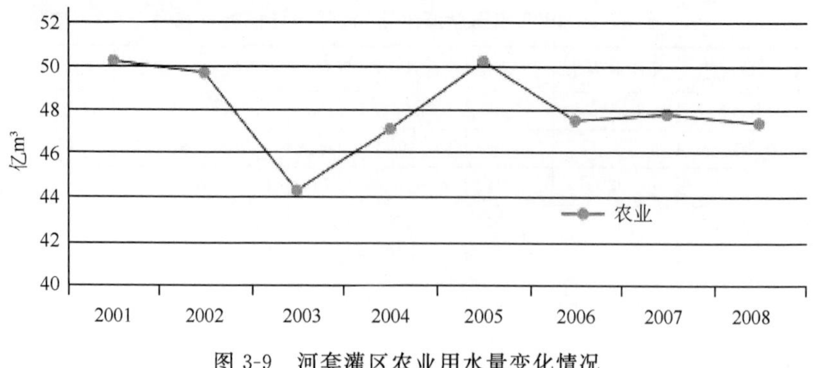


图 3-9 河套灌区农业用水量变化情况

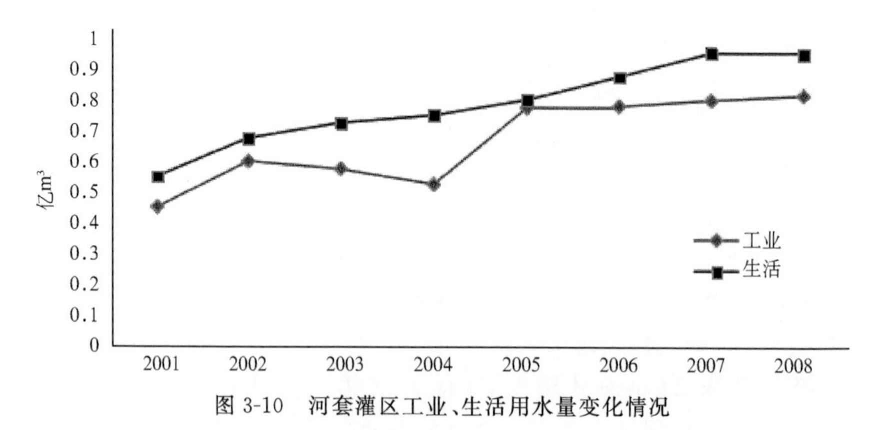


图 3-10 河套灌区工业、生活用水量变化情况

### 3.3.1 工业企业废水及主要污染物排放情况

2009 年,巴彦淖尔市工业废水排放总量为 4383.49 万 t,较 1991 年增加 2939.38 万 t。生活及其他污水排放量为 2370.67 万 t,比 1991 年增加了 7 倍。全盟工业废水中 COD 排放量为 45267.87 t,较 1991 年减少了 3198.96 t,下降幅度为 6.6%。生活及其他污水 COD 排放量为 13231.94 t,比 1991 年增加了近 1 倍。1991—2009 年巴彦淖尔市工业及生活污水排放量如表 3-13 所示。巴彦淖尔市工业企业废水排放去向统计如表 3-14 所示。

**表 3-13 1991—2009 年巴彦淖尔市污水排放量**

| 年份 | 废水排放总量(万 t) | 工业废水排放量(万 t) | 生活及其他污水排放量(万 t) | COD 排放量(t) | 工业废水 COD 排放量(t) | 生活及其他污水 COD 排放量(t) |
|---|---|---|---|---|---|---|
| 1991 | 1732.21 | 288.10 | 1444.11 | 55380.83 | 48466.83 | 6914.00 |
| 1992 | 1837.58 | 294.50 | 1543.08 | 40337.97 | 33269.97 | 7068.00 |
| 1993 | 1878.88 | 308.71 | 1570.17 | 27703.36 | 20294.36 | 7409.00 |
| 1994 | 2009.03 | 316.30 | 1692.73 | 44926.30 | 37335.30 | 7591.00 |
| 1995 | 2404.30 | 331.50 | 2072.80 | 44019.85 | 36063.85 | 7956.00 |

续表

| 年份 | 废水排放总量(万 t) | 工业废水排放量(万 t) | 生活及其他污水排放量(万 t) | COD 排放量(t) | 工业废水 COD 排放量(t) | 生活及其他污水 COD 排放量(t) |
| --- | --- | --- | --- | --- | --- | --- |
| 1996 | 3080.54 | 335.48 | 2745.06 | 68935.73 | 60886.73 | 8052.00 |
| 1997 | 2532.21 | 没数据 | 2532.21 | 61287.15 | 61287.15 | 没数据 |
| 1998 | 4172.28 | 343.58 | 3828.70 | 93168.30 | 84922.30 | 8246.00 |
| 1999 | 2469.35 | 没数据 | 2469.35 | 62674.46 | 62674.46 | 没数据 |
| 2000（异常） | 5669.39 | 351.83 | 5317.56 | 126389.80 | 117945.80 | 8444.00 |
| 2001 | 3324.80 | 1293.00 | 2031.80 | 57933.00 | 48889.00 | 9044.00 |
| 2002 | 3375.00 | 没数据 | 3375.00 | 47359.00 | 47359.00 | 没数据 |
| 2003 | 3424.90 | 1301.00 | 2123.90 | 44125.00 | 35019.00 | 9106.00 |
| 2004 | 3695.90 | 1248.00 | 2447.90 | 47856.00 | 39046.00 | 8810.00 |
| 2005 | 4441.70 | 1252.00 | 3189.70 | 80224.00 | 71387.00 | 8837.00 |
| 2006 | 5289.69 | 1563.01 | 3726.68 | 56487.25 | 47442.10 | 9045.15 |
| 2007 | 5149.70 | 1592.17 | 3557.53 | 61891.81 | 50170.31 | 11721.50 |
| 2008 | 7009.06 | 2256.39 | 4752.67 | 58525.41 | 48506.87 | 10018.54 |
| 2009 | 6754.16 | 2370.67 | 4383.49 | 58499.81 | 45267.87 | 13231.94 |

**表 3-14　巴彦淖尔市工业企业废水排放去向统计**

| 地区 | 名称 | 废水排放去向 |
| --- | --- | --- |
| 临河区 | 内蒙古宏睿食品有限公司 | 支沟 |
| | 内蒙古巴彦淖尔市华盛粮油有限公司 | 合济排干 |
| | 内蒙古巴彦淖尔富源热力有限责任公司 | 污水处理厂 |
| | 巴彦淖尔市宇阳热力公司 | 污水处理厂 |
| | 内蒙古双河羊绒集团有限公司 | 污水处理厂 |
| | 中共巴彦淖尔市委员会党校 | 污水处理厂 |
| | 巴彦淖尔天马羊绒制品有限公司 | 污水处理厂 |
| | 巴彦淖尔市大兴羊绒制品有限公司 | 污水处理厂 |
| | 内蒙古巴山淀粉有限公司 | 污水处理厂 |
| | 巴彦淖尔市新草原肉食品有限公司 | 污水处理厂 |
| | 巴彦淖尔市团羊水泥有限公司分公司 | 污水处理厂 |
| | 内蒙古浩森羊绒制品有限责任公司 | 污水处理厂 |
| | 内蒙古际华森普利服装皮业有限公司 | 污水处理厂 |
| | 巴彦淖尔市宏发油脂有限公司 | 污水处理厂 |
| | 内蒙古草原鑫河食品有限公司 | 污水处理厂 |
| | 内蒙古临河新海有色金属冶炼有限公司 | 污水处理厂 |
| | 内蒙古东君食品有限公司 | 污水处理厂 |

续表

| 地区 | 名称 | 废水排放去向 |
|---|---|---|
| 临河区 | 巴彦淖尔市利一泰商贸有限责任公司 | 污水处理厂 |
| | 内蒙古富源农产品有限公司 | 污水处理厂 |
| | 内蒙古金川保健啤酒高科技股份有限公司 | 污水处理厂 |
| | 内蒙古京新药业有限公司 | 污水处理厂 |
| | 巴彦淖尔市广原热力有限公司 | 污水处理厂 |
| | 内蒙古草原贵族乳业有限公司 | 污水处理厂 |
| | 巴彦淖尔市正弘屠宰加工有限公司 | 污水处理厂 |
| | 巴彦淖尔市阳光能源集团有限公司 | 污水处理厂 |
| | 内蒙古草原宏宝食品有限公司 | 污水处理厂 |
| | 北方联合电力有限责任公司临河热电厂 | 污水处理厂 |
| | 内蒙古娃哈哈食品有限公司 | 污水处理厂 |
| | 维信内蒙古羊绒集团有限公司 | 污水处理厂 |
| | 巴彦淖尔市小肥羊肉业有限责任公司 | 污水处理厂 |
| | 内蒙古鲁花葵花仁油有限公司 | 污水处理厂 |
| | 巴彦淖尔市蒙凯路肉食品有限责任公司 | 污水处理厂 |
| | 巴彦淖尔市维美食品有限公司 | 污水处理厂 |
| | 联邦制药(内蒙古)有限公司 | 污水处理厂 |
| | 呼和浩特铁路局恒诺(集团)公司临河公司 | 污水处理厂 |
| | 巴彦淖尔市富达食品有限公司 | 支沟 |
| | 巴彦淖尔市幸福食品有限公司 | 4 排干 |
| | 巴彦淖尔临河亿康食品有限公司 | 西乐排干 |
| | 内蒙古腾飞食品有限公司 | 4 排干 |
| | 巴彦淖尔市洁园食品加工有限公司 | 4 排干 |
| | 巴彦淖尔市玉其商贸有限责任公司 | 4 排干 |
| | 内蒙古万野食品有限责任公司 | 4 排干 |
| | 巴彦淖尔市浩源食品有限公司 | 永刚排干 |
| | 内蒙古福瑞德食品有限公司 | 支沟 |
| | 巴彦淖尔市万弘食品有限责任公司 | 隆刚支沟 |
| | 中粮屯河临河番茄制品分公司 | 西乐排干 |
| | 内蒙古大罗素番茄制品有限公司 | 总排干 |
| | 内蒙古黄河铬盐股份有限公司 | 黄河 |
| | 泰顺兴业(内蒙古)食品有限公司 | 乌审干渠 |
| | 蒙牛乳业(磴口巴彦高勒)有限责任公司 | 红卫分干沟 |
| 磴口县 | 上海佳格食品公司内蒙古分公司 | 红卫分干沟 |
| | 内蒙古中粮番茄制品有限公司 | 2 排干 |
| | 巴彦淖尔市红源食品有限公司 | 2 排干 |
| | 内蒙古中南食品有限公司 | 1 排干 |

续表

| 地区 | 名称 | 废水排放去向 |
| --- | --- | --- |
| 磴口县 | 内蒙古乌兰布和乳业有限责任公司 | 乌审干渠 |
| | 内蒙古乌拉山化肥有限责任公司 | 退水渠 |
| | 内蒙古金星浆纸有限公司 | 退水渠 |
| | 内蒙古乌拉特前旗玉玺矿业有限责任公司 | 退水渠 |
| 乌拉特前旗 | 泰盛兴业(内蒙古)食品有限公司 | 9 排干渠 |
| | 内蒙古佘太水泥有限责任公司 | 进入地渗或蒸发 |
| | 乌拉特前旗乌化选厂二选三分厂 | 进入地渗或蒸发 |
| | 内蒙古乌拉特前旗兴亚煤炭开发有限公司 | 进入地渗或蒸发 |
| | 乌拉特前旗呼和五一食品加工厂 | 进入地渗或蒸发 |
| | 内蒙古乌拉山矿业有限公司 | 进入地渗或蒸发 |
| | 乌拉特前旗企联矿业有限公司 | 进入地渗或蒸发 |
| | 巴彦淖尔市农垦富龙尾矿回收有限公司 | 进入地渗或蒸发 |
| | 乌拉特前旗中正矿业有限责任公司 | 进入地渗或蒸发 |
| | 乌拉特前旗聚德成宏泰矿业有限公司 | 进入地渗或蒸发 |
| | 内蒙古乌拉特前旗富霖供热有限责任公司 | 乌拉山镇城市污水处理厂 |
| | 乌拉特前旗电力实业总公司 | 乌拉山镇城市污水处理厂 |
| | 内蒙古大中矿业股份有限公司书记沟选厂 | 进入地渗或蒸发 |
| | 内蒙古同达建材有限责任公司 | 进入地渗或蒸发 |
| | 乌拉特前旗京威吉肉食品有限责任公司 | 进入污灌农田 |
| | 内蒙古乌拉山化肥有限责任公司 | 退水渠 |
| | 乌拉特前旗沙德格苏木海流斯太选矿厂 | 进入地渗或蒸发 |
| | 内蒙古金星浆纸有限公司 | 退水渠 |
| | 内蒙古乌拉特前旗富霖供热有限责任公司第一分公司 | 乌拉山镇城市污水处理厂 |
| | 内蒙古乌拉特前旗玉玺矿业有限责任公司 | 乌梁素海下游退水渠 |
| | 内蒙古乌拉特前旗众和供热有限责任公司 | 乌拉山镇城市污水处理厂 |
| | 内蒙古乌拉特前旗金达辉矿产有限责任公司 | 进入地渗或蒸发 |
| | 泰盛兴业(内蒙古)食品有限公司 | 乌梁素海上游九排干渠 |
| | 内蒙古佘太水泥有限责任公司第一分公司 | 进入地渗或蒸发 |
| | 乌拉特前旗众和供热有限责任公司福源分公司 | 乌拉山镇城市污水处理厂 |
| | 乌拉特前旗大佘太联进矿业东采区选厂 | 进入地渗或蒸发 |
| | 乌拉特前旗神隆矿业有限公司 | 进入地渗或蒸发 |
| | 内蒙古乌梁素海誉博食品有限责任公司 | 进入污灌农田 |
| | 乌拉特前旗奇峰石材有限责任公司 | 进入地渗或蒸发 |
| | 内蒙古佘太水泥有限责任公司第二份公司 | 进入地渗或蒸发 |
| | 内蒙古乌拉特前旗五一慧超酒厂 | 进入地渗或蒸发 |
| | 乌拉特前旗龙鹏矿业有限责任公司 | 进入地渗或蒸发 |
| | 乌拉特前旗晨光矿业有限责任公司 | 进入地渗或蒸发 |

续表

| 地区 | 名称 | 废水排放去向 |
|---|---|---|
| 乌拉特前旗 | 乌拉特前旗芙蓉矿业开发有限责任公司矿粉综合选矿厂 | 进入地渗或蒸发 |
| | 乌拉特前旗天宏贸易有限责任公司 | 进入地渗或蒸发 |
| | 乌拉特前旗祥存矿业有限责任公司 | 进入地渗或蒸发 |
| | 中粮屯河股份有限公司乌拉特前旗番茄制品分公司 | 进入地渗或蒸发 |
| | 乌拉特前旗众和供热有限责任公司黄河供热分公司 | 乌拉山镇城市污水处理厂 |
| | 内蒙古乌拉特前旗富霖供热有限责任公司(红通补隆) | 乌拉山镇城市污水处理厂 |
| | 内蒙古同达建材有限责任公司(原料分公司) | 进入地渗或蒸发 |
| | 内蒙古大中矿业股份有限公司东五份铁矿 | 进入地渗或蒸发 |
| | 内蒙古乌拉特前旗众和供热有限责任公司十一团分站 | 乌拉山镇城市污水处理厂 |
| 乌拉特后旗 | 巴彦淖尔紫金有色金属有限公司 | 市政污水管网—团结排洪沟—总排干入乌梁素海 |
| 杭锦后旗 | 杭锦后旗坤源工贸有限公司 | 3 排干 |
| | 杭锦后旗福华元制品有限责任公司 | 陕杨分干 |
| | 内蒙古河套酒业集团股份有限公司 | 城市管网入城镇污水处理厂 |
| | 巴彦淖尔市伊利乳业有限责任公司 | 沙源支沟 |
| | 内蒙古蒙煦绒毛制品有限责任公司 | 城市管网 |
| | 内蒙古特米尔热电有限责任公司 | 沙源支沟 |
| | 内蒙古河套沃得瑞番茄制品有限公司 | 杨家河 |
| | 巴彦淖尔市中河番茄食品有限公司 | 3 排干 |
| | 巴彦淖尔市利丰果蔬食品有限责任公司 | 2 排干 |
| | 杭锦后旗金山元果蔬食品有限责任公司 | 2 排干 |
| | 内蒙古杭锦后旗鸣兴食品有限责任公司 | 沙源支沟 |
| | 内蒙古屯河河套番茄制品有限责任公司 | 沙源支沟 |
| | 内蒙古飞马生物科技有限公司 | 3 排干 |
| | 杭锦后旗兴胜工贸有限责任公司 | 3 排干 |
| | 杭锦后旗金达保鲜食品厂 | 2 排干 |
| | 兴联丰番茄制品有限责任公司 | 7 排干 |
| 五原县 | 内蒙古潘胖食品有限责任公司 | 7 排干 |
| | 五原县润泽稀土有限责任公司 | 7 排干 |
| | 五原县富源番茄制品有限责任公司 | 7 排干 |
| | 内蒙古五原县格格乳液有限责任公司 | 7 排干(停产) |
| | 五原县宏庆达工贸有限责任公司 | 7 排干 |
| | 中基番茄制品有限责任公司天吉泰分公司 | 7 排干 |
| | 中基番茄制品有限责任公司塔尔湖分公司 | 7 排干 |
| | 中基番茄制品有限责任公司和胜公司 | 7 排干 |
| | 五原县达蒙菲工贸有限责任公司 | 7 排干 |
| | 中粮屯河股份有限公司五原番茄制品分公司 | 7 排干 |

续表

| 地区 | 名称 | 废水排放去向 |
|---|---|---|
| 五原县 | 中基番茄制品有限责任公司向阳分公司 | 7 排干 |
| | 五原县蠡郡农畜产品有限责任公司 | 7 排干 |
| | 内蒙古五原县五源硼业化工有限责任公司 | 7 排干(停产) |
| | 巴彦淖尔市北辰番茄制品有限公司 | 7 排干 |
| | 内蒙古真心食品有限责任公司 | 污水处理厂 |

### 3.3.2 重污染行业主要污染物排放情况

根据污染源普查 2009 年动态更新数据,巴彦淖尔市重点废水污染企业共 188 家,主要分为蔬菜、水果和坚果加工,毛针织品及编织品制造,畜禽屠宰,液体乳及乳制品制造,酒类及油类制造,其他食品加工制造,化肥及造纸,电力、采掘等 8 个行业。按照污染物排放比例,目前巴彦淖尔市废水排放量最大的行业为电力采掘类和酒类及油类制造,分别占 56.66%和 20.13%;COD 排放量最大的行业为化肥及造纸、其他食品加工制造、畜禽屠宰,分别占 36.09%、21.01%和 15.96%;氨氮排放量最大的行业为化肥及造纸、其他食品加工制造,分别占 49.88%和 32.28%,如表 3-15 和 3-16 所示。

表 3-15 巴彦淖尔市重点污染行业污染物排放一览表 (单位:t)

| 行　业 | 废水排放量 | COD 排放量 | 氨氮排放量 |
|---|---|---|---|
| 蔬菜、水果和坚果加工 | 1629812 | 384.63 | 0.08 |
| 毛针织品及编织品制造 | 723530 | 198.68 | 4.74 |
| 畜禽屠宰 | 560025 | 695.21 | 29.61 |
| 液体乳及乳制品制造 | 566864 | 90.90 | 3.24 |
| 酒类及油类制造 | 3558033 | 157.27 | 7.12 |
| 其他食品加工制造 | 144775 | 915.25 | 124.14 |
| 化肥及造纸 | 478256 | 1572.13 | 191.81 |
| 电力、采掘等 | 10014163 | 342.26 | 23.83 |

表 3-16 巴彦淖尔市重污染行业污染物排放比例一览表 (单位:%)

| 行　业 | 废水排放 | COD 排放 | 氨氮排放 |
|---|---|---|---|
| 蔬菜、水果和坚果加工 | 9.22 | 8.83 | 0.02 |
| 毛针织品及编织品制造 | 4.09 | 4.56 | 1.23 |
| 畜禽屠宰 | 3.17 | 15.96 | 7.70 |
| 液体乳及乳制品制造 | 3.21 | 2.086 | 0.84 |
| 酒类及油类制造 | 20.13 | 3.61 | 1.85 |
| 其他食品加工制造 | 0.82 | 21.009 | 32.28 |
| 化肥及造纸 | 2.705 | 36.088 | 49.88 |
| 电力、采掘等 | 56.655 | 7.857 | 6.20 |

## 3.4 乌梁素海环境保护工程

按照2000年水利部批准的《黄河内蒙古河套灌区续建配套与节水改造规划报告》，对灌区节水续建配套和技术改造，使灌区灌溉系统逐步实现引水、输水、配水、灌水、用水等环节全面节水，排水系统逐步实现由通到畅、由浅到深，有效控制地下水位，改土治碱。

主要节水续建配套和技术改造工程包括：

(1)对灌区灌水渠系全面实现防渗，衬砌干渠13条(总长度758.7 km)，分干渠48条(总长度1069 km)，支渠339条(总长度2188.5 km)，斗农渠7964条(总长度1034.7 km)，渠系水利用系数由1998年前的0.42提高到0.66，灌区引黄水量逐步从52亿 $m^3$ 下降到黄河调控指标水量40亿 $m^3$。

(2)推行田间节水灌溉，推广喷灌、滴灌、畦灌膜上灌、沟灌，水平灌等田间节水灌溉技术。

(3)乌梁素海海区水道工程，在乌梁素海海区开挖经过模型模拟优化的水道系统，优化湖区水动力条件。海区网格水道系统工程范围在乌梁素海海区内，但不包括核心区和缓冲区的部分。主要目的是优化海区的水动力条件，减少死水或滞水区，改善整个湖区的水流条件和湖水富营养化状态，提高湖区芦苇产量并抑制芦苇继续蔓延，减缓沼泽化进程，促进湖泊向良性发展。

截止到2008年批复河套灌区续建配套与节水改造工程投资72567.54万元，其中国家投资46849.47万元。主要建设内容为衬砌杨家河、义和、永济、长济、东风分干渠等19条支渠以上骨干渠道140 km，整治总干渠、丰济干渠、总排干沟等骨干渠沟道639.73 km，配套以上骨干建筑物555座。工程实施后，衬砌段落渠道水利用系数平均提高了0.156。全灌区渠道水利用系数已由0.42提高到0.428，年可节水量1.5亿 $m^3$。

# 4 乌梁素海生态服务功能调查

乌梁素海地处半荒漠地带，是中国北方西部地区重要的湿地之一。现在这类湿地正受到水量匮乏、富营养化等问题的困扰而面临生态功能衰退、生态价值降低，甚至灭亡的危险。其独特的地理位置、多样的生态系统蕴含了丰富的资源。本章全面系统地分析了乌梁素海湿地水产品供给服务功能、鸟类栖息地服务功能、旅游服务功能、生物多样性功能等，将湿地生态服务功能带给乌梁素海社会发展的贡献直观化、货币化，以提高人们对于湿地生态系统的保护意识和合理开发意识，为今后乌梁素海湿地资源的综合保护、合理分配、科学开发、有效补偿提供一定的理论依据和数据支撑。

## 4.1 乌梁素海生态地位

(1)乌梁素海生态地位的重要性

①是荒漠草原地区最大湿地，我国北方地区的生态屏障。

乌梁素海是全球范围内荒漠、半荒漠地区极为少见的具有生物多样性和环保多功能的大型湖泊，是地球同一纬度最大的自然湿地，2002 年被正式列入国际重要湿地名录。

乌梁素海在中国北部地区有极重要的生态保障功能，是内蒙古西部的重要水源地，其湿地生态系统对改善周边荒漠半荒漠干旱地区气候、气象条件，增加大气降水，防止沙漠化起着重要的生态屏障作用，是我国北方地区重要的生态屏障。同时，乌梁素海又是其东、北岸广大丘陵和山地地表水的接纳区和泄洪区，对周边地区的防洪涝灾害及水土保持有重要作用。水分迁移转化如图 4-1 所示。

②是河套地区农田退水的主要接纳地，对黄河流域具有重要的生态关联和调节作用。

作为黄河流域最大淡水湖，黄河灌区水利工程的重要组成，乌梁素海具有净化水质、调节水量、防止河套灌区土壤盐碱化、减缓水体的富营养化进程等多种生态功能，对河套地区，乃至黄河流域的生态环境有重要的关联和调节作用。

作为黄河灌区水利工程的重要组成部分，乌梁素海是河套地区 7000 $km^2$ 土地灌溉排水系统中唯一的灌溉排水通道。它接纳了河套地区 90%以上的农田排水，经湖泊生物净化作用后再排入黄河，起到了净化水质、防止河套灌区土壤盐碱化的重要作用，对这一地区农业生产的发展起着非常重要的作用。它还是黄河凌汛期重要的泄洪库，枯水期主要的水源补给库，每年在枯水期向黄河补水近3亿 $m^3$，是黄河中上游重要的保水、蓄水、调水基地。

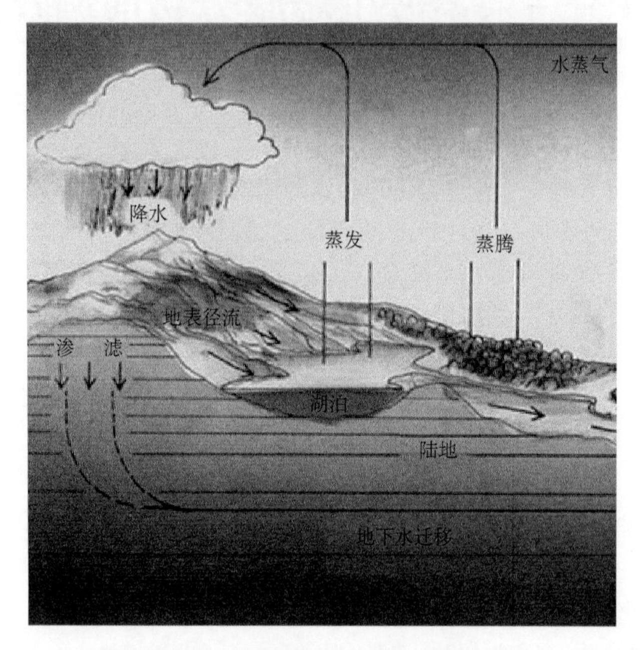


图 4-1 乌梁素海水分迁移转化图

③是全球八大鸟类迁徙路线的重要节点，地位逐渐上升。

乌梁素海是全国八大淡水湖之一，广阔的水面、各种水生动植物为鸟类提供了充足的食物，优越的栖息繁殖和避难场所，吸引了大量候鸟和留鸟，是全球八大鸟类迁移路线的中亚线路的必经之地。

(2)周边景观组合优势突出

乌梁素海在景观特征上与巴盟东部的湖泊有显著差别，其特点可概括为：

①北傍阴山，南面黄河，乌梁素海居中间，草原、荒漠围周边。

②多种类型的景观与乌梁素海湿地本身所特有的芦苇丛生的开阔湖面和野生水禽的栖息景观交相辉映，构成了乌梁素海地区丰富多彩的景观形态，景观组合优势突出。

③宏观尺度上，形成北面阴山，南部黄河，中部湿地的组合景观，充分体现了我国北方特有的气势恢宏、雄伟壮观的景观特征。

④中观尺度上，湖区东部、南部的碱草、碱丛、草场、荒漠等自然景观，色彩丰富艳丽，层次感强，农牧民生产生活方式、民俗风情等人文景观别具风情，与湿地景观形成良好的景观组合，丰富提升了景观观赏价值，如图 4-2 和图 4-3 所示。

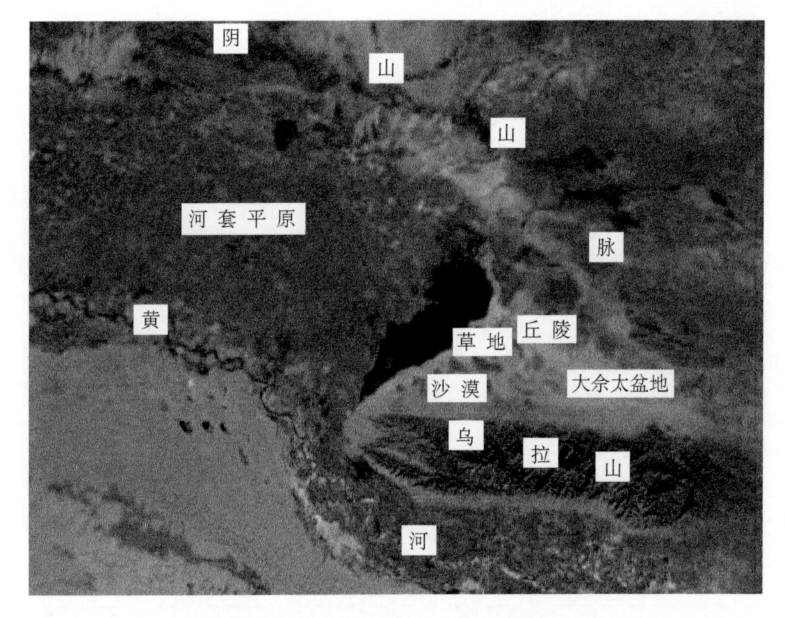


图 4-2 乌梁素海周边区域地形地貌图

图 4-3 乌梁素海周边区域风景图

## 4.2 乌梁素海水产品供给服务功能

乌梁素海是河套地区排泄农田退水和山洪水的唯一容泄区，也是巴彦淖尔市鱼、苇生产的重要基地，而且是黄河流域最大的淡水湖，地球同一纬度最大的湿地，并被列为自治区湿地自然水禽保护区，被誉为“塞外明珠”。乌梁素海是鱼的乐园，有 20 多种鱼类繁衍生息，湖区鱼类丰富，盛产鲤鱼、草鱼、鲫鱼、鲢鱼、乌鳢等 20 多个鱼种，尤以黄河鲤鱼最为有名，鱼类调查如表 4-1 和图 4-4 所示。

表 4-1　鱼类的调查统计结果

| 年份 | 鱼类种类数（种） | 水产品尺寸（mm） | 鱼产量（kg/hm²） | 年份 | 鱼类种类数（种） | 水产品尺寸（mm） | 鱼产量（kg/hm²） |
|---|---|---|---|---|---|---|---|
| 1988 | 21 | 1500 | 503 | 2000 | 11 | 500 | 休渔 |
| 1989 | 21 | 1500 | 421 | 2001 | 11 | 100 | 300 |
| 1990 | 21 | 1500 | 500 | 2002 | 11 | 100 | 400 |
| 1991 | 21 | 1500 | 390 | 2003 | 11 | 100 | 400 |
| 1992 | 21 | 1500 | 500 | 2004 | 9 | 100 | 350 |
| 1993 | 21 | 1500 | 740 | 2005 | 9 | 100 | 300 |
| 1994 | 21 | 1500 | 250 | 2006 | 9 | 100 | 250 |
| 1995 | 21 | 1500 | 250 | 2007 | 8 | 100 | 350 |
| 1996 | 21 | 500 | 300 | 2008 | 8 | 100 | 350 |
| 1997 | 21 | 500 | 836 | 2009 | 7 | 100 | 350 |
| 1998 | 21 | 500 | 850 | 2010 | 7 | 100 | |
| 1999 | 21 | 500 | 休渔 | | | | |

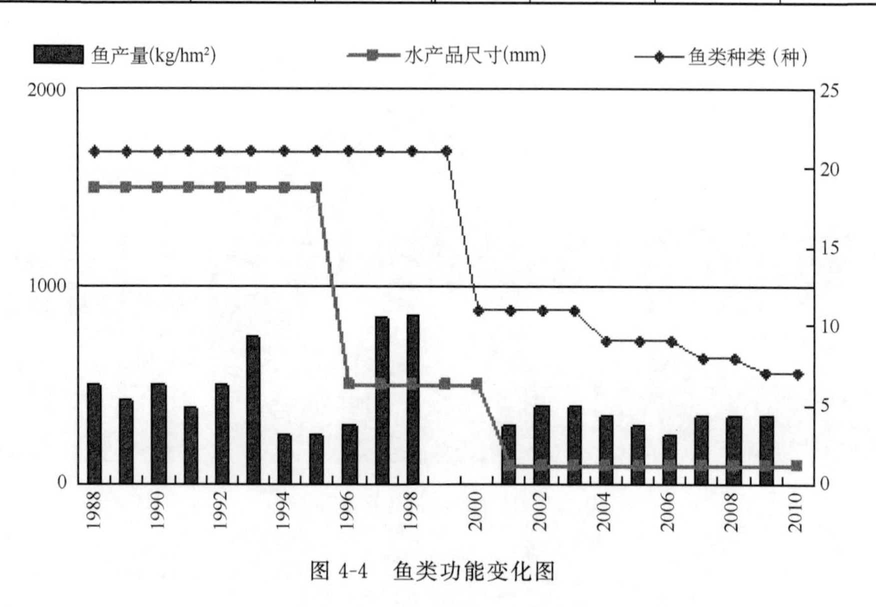


图 4-4　鱼类功能变化图

## 4.3　乌梁素海鸟类栖息地服务功能

我国国际重要湿地共有 30 处之多，其中也不乏像扎龙、鄱阳湖、东滩、达赉湖等鸟类种类多的湖泊湿地，拥有鸟类种类最高的达到 292 种。根据最新统计，乌梁素海地区共有 208 种鸟类 600 多万只，从湖泊面积、鸟类种类和数量多方面综合指标来看相对其他湿地具有一定优势，中国、挪威、瑞典三国关于乌梁素海综合治理调查报告研究表明，随着乌梁素海生态环境的好转，其生态环境更适合留鸟与候鸟的生存，加上其地理位置的重要性（乌梁素海是鸟类迁徙路线中亚线路进入西伯利亚在中国的最后停歇地），现在越来越多的鸟类被吸引到这里来，所以乌梁素海地位将逐渐上升，成为亚洲的鸟类中心之一。

乌梁素海的鸟类资源在生态旅游环境及生态旅游资源中占有极重要的地位，不同鸟类成群的迁徙、筑巢、繁殖、换羽等生态及生活习性各不相同，为开展与鸟类有关的丰富多彩的旅游活动提供可能性，全球候鸟迁徙路线如图 4-5 所示。

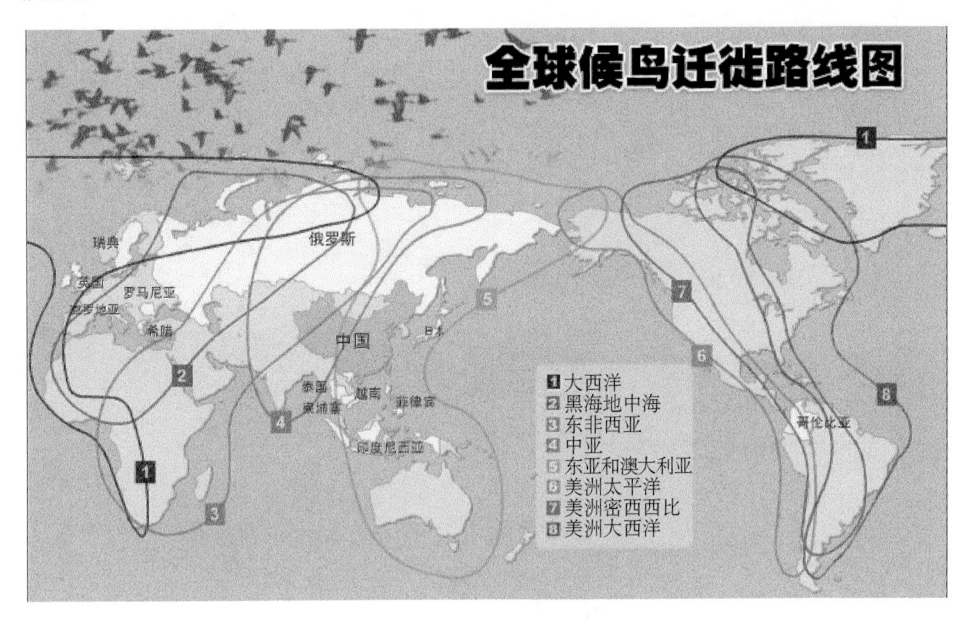


图 4-5 全球候鸟迁徙路线图

## 4.4 乌梁素海旅游服务功能

乌梁素海旅游区规划工作，对旅游环境和旅游资源进行全面调查。在此基础上又侧重于生态要素和旅游环境背景及较有开发前景的旅游资源进行分析和认定。其主要技术依据是国家标准《旅游规划通则》、《旅游资源分类、调查与评价(2003)》和相关技术文件。

根据国标《旅游资源分类、调查与评价》(GB/T18972—2003)，对乌梁素海旅游资源进行统计和类型划分，如表 4-2 所示。

**表 4-2 旅游资源分类统计表**

| 序号 | 主类 | 亚类 | 基本类型 | 资源单体 |
| --- | --- | --- | --- | --- |
| 1 | 地文景观 | 地质地貌过程形迹 | 岸滩 | 乌梁素海东侧岸滩 |
| | | 自然变动遗迹 | 陷落地 | 乌梁素海河迹湖 |
| | | 岛礁 | 岛区 | 长岛、大泊洞、小台湾 |
| 2 | 水域风光 | 河段 | 观光游憩河段 | 乌加河古河道段 |
| | | 天然湖泊与池沼 | 观光游憩湖区 | 乌梁素海北部游憩湖区、乌梁素海南部游憩湖区 |
| | | | 沼泽与湿地 | 乌梁素海沿岸浅水沼泽区 |
| 3 | 生物景观 | 草原与草地 | 草地 | 阿力奔草原、乌梁素海芦苇荡蒲草香蒲 |
| | | 野生动物栖息地 | 水生动物栖息地 | 鱼类(鲤鱼、草鱼、鲫鱼等)生存的明水面 |
| | | | 鸟类栖息地 | 湿地浅滩天鹅栖息地、苇塘水禽栖息地、鸟类繁殖巢址(水平分布与垂直分布) |
| 4 | 天象与气候景观 | 天气与气候现象 | 物候景观 | 11 月上旬—翌年 3 月下旬乌梁素海结冰期;3 月中旬鹭类迁来乌梁素海营巢;3 月下旬—4 月初鸭类、白骨顶从沼泽区进入苇蒲地换羽;5 月初鹭类育雏,大苇莺迁来进入繁殖期;6 月中旬—8 月底,雁鸭类进入苇蒲地换羽 |
| 5 | 遗址遗迹 | 社会经济文化活动遗址遗迹 | 历史事件发生地 | 乌梁素海葬日寇、建设兵团驻地 |
| | | | 军事遗址与古战场 | 唐代天德军故城遗址 |
| | | | 废城与聚落遗迹 | 乌梁素海受降城 |
| 6 | 建筑与设施 | 综合人文旅游地 | 教学科研实验场所 | 水禽救护中心 |
| | | | 康体游乐休闲度假地 | 乌梁素海度假村,长岛度假村 |
| | | | | 2 号娱乐休闲度假旅游地 |
| | | | 建设工程与生产地 | 乌梁素海渔场场部 |
| | | | 动物与植物展示地 | 水禽救护驯养繁殖中心 |
| | | | 景物观赏点 | 长岛观鸟台、救护中心观鸟台、天鹅观赏台 |
| | | 单体活动场馆 | 展示演示场馆 | 乌梁素海鸟类标本馆 |
| | | 景观建筑与附属型建筑 | 康体游乐休闲度假地 | 乌梁素海度假村、2 号度假村的水上游乐厅、长岛度假村的欧式草棚,观景亭 |
| | | | 碑碣 | 天德军城古墓碑 |
| | | | 艺术建筑与建筑小品 | 2 号地栈桥 |
| | | 生产地 | | 养狐村、养鸭基地、螃蟹基地、水禽加工厂、苇蒲编织厂 |
| | | 居住地与社区 | 传统与乡土建筑 | 坝头蒙古包 |
| | | | 特色社区 | 渔民村 |
| | | 交通建筑 | 桥 | 长岛栈桥、2 号景区栈桥 |
| | | | 码头 | 坝头码头、南天门码头、河口码头、二点码头、坝湾码头、红圪卜码头 |

续表

| 序号 | 主类 | 亚类 | 基本类型 | 资源单体 |
| --- | --- | --- | --- | --- |
| 6 | 建筑与设施 | 水工建筑 | 运河与渠道建筑 | 总排干、八排干、九排干、通济渠、长济渠、塔布渠、河口退水渠 |
| | | | 堤坝段落 | 长岛古河道堤坝、北部大堤坝、海坝 |
| | | | 提水设施 | 红圪卜扬水站斜泵 |
| 7 | 旅游商品 | 地方旅游商品 | 菜品饮食 | 全鱼宴 |
| | | | 农林畜产品与制品 | 河套面粉 |
| | | | 水产品与制品 | 芦苇制品(芦席、芦帘、蒲帘、蒲棒) |
| | | | 中草药材及制品 | 枸杞、黄芪 |
| 8 | 人文活动 | 人事记录 | 人物 | 傅作义、郭子仪 |
| | | 现代节庆 | 体育节 | 乌梁素海渔场运动会 |
| 总和 | 8 | 19 | 35 | 72 |

## 4.5 乌梁素海生物多样性功能

内蒙古乌梁素海湿地自然保护区是集湿地保护与恢复、科研监测、宣传教育、生态旅游和多种经营等为一体的综合生态自然保护区。

保护的对象及内容,以及保护的科学价值主体体现以下方面。

(1)湿地生态系统及其生物多样性

湿地生态系统包括水体生态系统和周边滩地生态系统。

生物多样性包括野生动植物的多样性。

(2)以国家重点保护鸟类为代表的候鸟栖息地和繁殖地

根据邢莲莲、杨贵生教授对乌梁素海湿地鸟类最新调查记录结果,乌梁素海湿地有鸟类 17 目 46 科 292 种 4 亚种,其中国家一级保护鸟类 5 种,国家二级保护鸟类 29 种。

保护区属于湿地生态系统类型。该湿地按生境特征可分为苇蒲区、明水区、沙洲区、沼泽区、湖周围沙地、农田。湿地面积 600 $km^2$,记录到的动植物达 500 种,其中鸟类 292 种。

## 4.6 乌梁素海流域社会影响状态及问题分析

随着乌梁素海流域社会经济的快速发展和城市化进程的加速,作为整个流域污水的最终排放方向,污染物最终进入乌梁素海。随着经济发展,投资项目的不断增加,乌梁素海流域的污染负荷进一步加重。人类工农业生产和生活活动加剧了乌梁素海流域水生态环境质量下降的进程。乌梁素海流域近年来社会经济飞速发展，但水环境污染问题也日益严重，流域内人口、资源、环境与发展问题日益突出。

(1)人均 GDP

乌梁素海流域所属的河套灌区是巴彦淖尔市经济社会发展的核心区域，涉及巴彦淖尔市的临河区、乌拉特前旗、乌拉特中旗、乌拉特后旗、五原县、磴口县、杭锦后旗。根据巴彦淖尔市 1988—2009 年年鉴统计，1988—2009 年巴彦淖尔市人均 GDP 呈增长趋势，人均 GDP 由 1988 年的 1065 元增加至 2009 年的 29384 元，其中 2009 年人均 GDP 较 2008 年的增幅最大，为 49.58%。1988—2009 年巴彦淖尔市人均 GDP 变化情况如图 4-6 所示。随着巴彦淖尔市经济的持续增长，GDP 总量在不断增大，人均 GDP 值也随之不断升高。

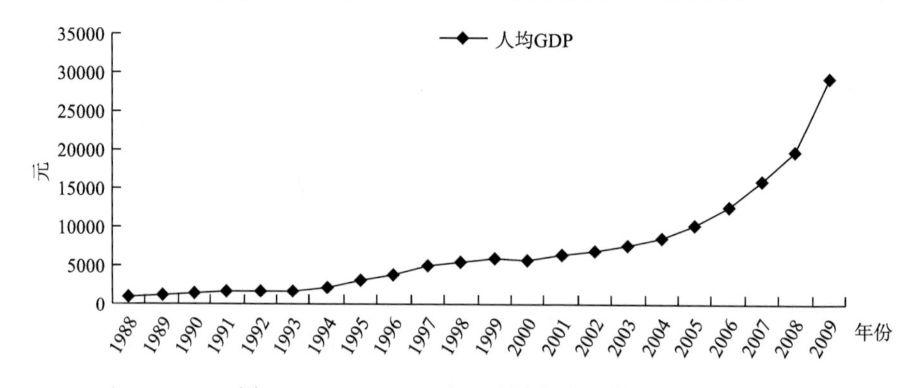


图 4-6　1988—2009 年巴彦淖尔市人均 GDP

(2)产业结构变化

巴彦淖尔市处于京津为龙头的呼(市)—包(头)—银(川)—兰(州)经济带，是国家西部大开发的重点区域。2004 年，巴彦淖尔市实现了从农业主导型经济向工业主导型经济战略的历史性转变，三大产业的增加值比例由传统的“一三二”结构首次调整为“二三一”，基本确定工业经济的主导地位。目前工业经济确定农畜产品加工业、冶金及矿山工业、化学工业和电力工业四个支柱产业，全力提升工业化水平。随着乌梁素海流域社会经济的快速发展，工业废水和城镇生活污水及主要污染物排放总体呈上升趋势，从而导致乌梁素海流域的水污染负荷加重，乌梁素海水生态环境恶化趋势进一步加剧。

1988—2009 年巴彦淖尔市第一产业所占比例总体呈下降趋势，由 1988 年的 61.3%降至 2009 年的 19.49%；第二产业所占比例总体呈增加趋势，由 1988 年的 15.69%上升至 2009 年的 54.9%；第三产业所占比例呈现先增加后降低的趋势。2009 年第一、二、三产业产值分别为 99.36，279.9，130.6 亿元，第一、二、三产业产值占 GDP 比例分别为 19.49%、54.90%、25.61%。2009 年各产业产值为以工业经济为主导地位的“二三一”产业结构，2009 年第二、三产业比例已达到 80.51%。1988—2009 年巴彦淖尔市第一、二、三产业占 GDP 比例如图 4-7 所示。

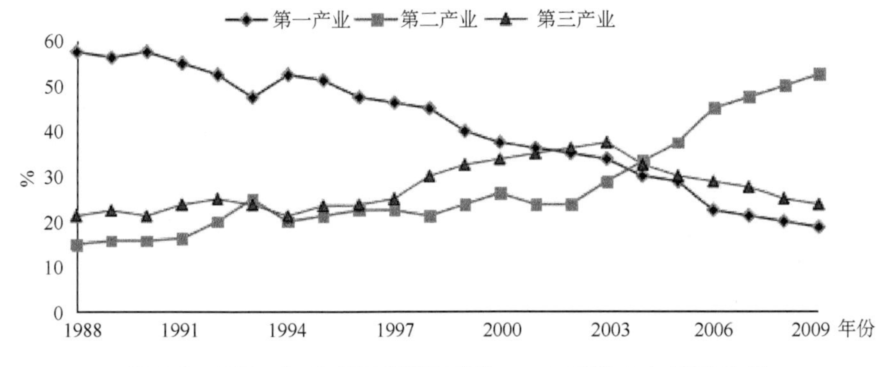


图 4-7 1988—2009 年巴彦淖尔市第一、二、三产业占 GDP 比例

(3)耕地面积及类型变化

1988—2009 年巴彦淖尔市的耕地面积所占比例由 1988 年的 4.67%上升至 2009 年的 9.45%,其中 1998 年增幅最大,2009 年的耕地面积所占比例较 2008 年的 9.25%增加了 0.20%;1988—2009 年巴彦淖尔市的水面所占比例较为平稳,水面所占比例为 0.46%。1988—2009 年巴彦淖尔市土地利用指数如图 4-8 所示。

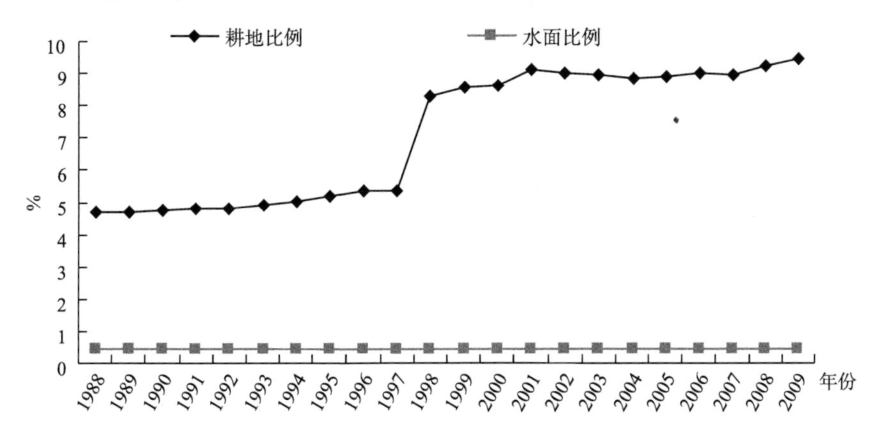


图 4-8 1988—2009 年巴彦淖尔市土地利用指数

1988—2008 年乌拉特前旗的耕地面积由 1988 年的 1056579 亩增至 2008 年的 2234250 亩,其中 1997 年耕地面积较 1996 年的增幅最大,为 83.65% (1994 年和 2000 年耕地面积未统计)。1988—2008 年乌拉特前旗耕地面积变化如图 4-9 所示。

人为污染是造成乌梁素海富营养化的主要原因。人为污染中的面源污染是农田化肥施用量逐年增加,而化肥利用率很低所致。随着耕地面积的增加,大量泥沙、土壤有机质、残留的化肥农药等污染物被暴雨径流冲入湖泊,这也是导致乌梁素海富营养化的重要原因。为了加快地区性经济发展,近年来,乌梁素海流域的人类活动强度逐步加大。一些地方的土地利用开发活动有加强趋势,这使得原本就已经破碎的景观程度加重,产生一系列的环境和生态影响后果。

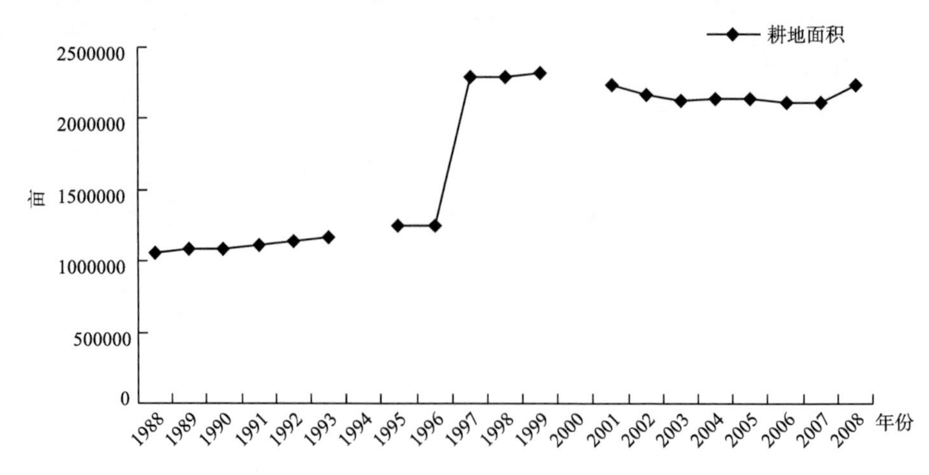


图 4-9　1988—2008 年乌拉特前旗耕地面积变化图

(4)主要作物产量

1988—2009 年巴彦淖尔市的粮食产量由 1988 年的 74.07 万 t 上升到 2009 年的 244.68 万 t,呈逐年增加的趋势,2009 年较 2008 年增加了 29.48 万 t;油料作物产量相对比较平稳,虽然也呈逐年增加趋势,但是趋势平缓,由 1988 年的 22.13 万 t 增加到 2009 年的 57.59 万 t;而甜菜产量逐渐降低,1988—1991 年呈上升趋势,1992 年相比 1991 年产量下降 36.09 万 t,从 1991 年后至 1998 年甜菜产量逐年增加至 118.17 万 t,随后几年有升有降,但总体趋势是甜菜产量在降低,2009 年达到最低的 6.63 万 t。巴彦淖尔市主要作物产量如图 4-10 所示。

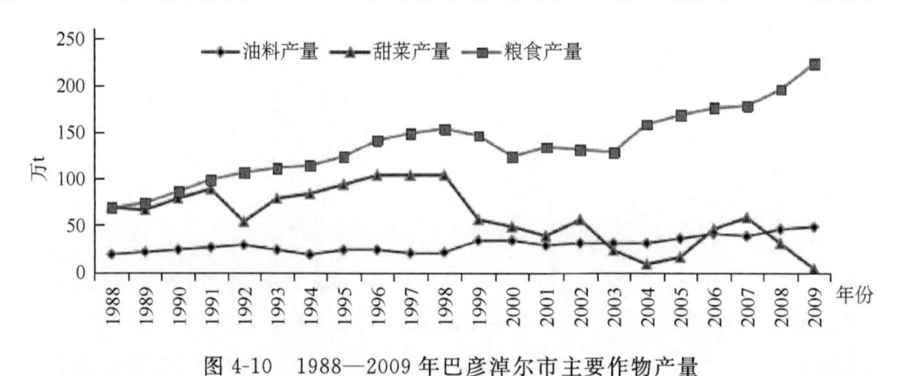


图 4-10　1988—2009 年巴彦淖尔市主要作物产量

1988—2009 年乌拉特前旗的粮食产量由 1990 年的 11.08 万 t 上升到 2008 年的 48.70 万 t,呈逐年增加的趋势;油料作物产量相对比较平稳,虽然也呈逐年增加趋势,但是趋势平缓,由 1988 年的 4.82 万 t 增加到 2008 年的 14.52 万 t;而甜菜产量总体趋势是在降低,2008 年达到 6.84 万 t。乌拉特前旗主要作物产量如图 4-11 所示。

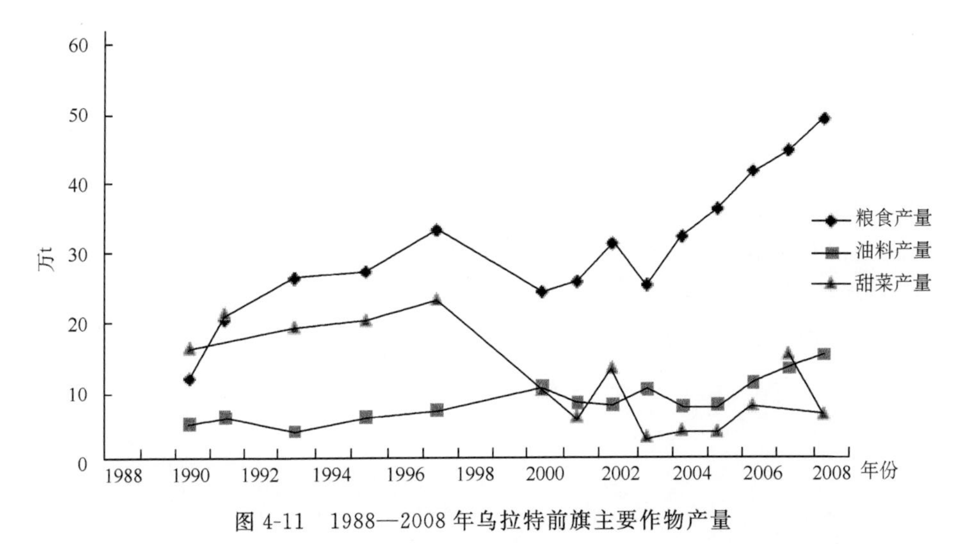


图 4-11 1988—2008 年乌拉特前旗主要作物产量

从巴彦淖尔市和乌拉特前旗作物的数据来分析，粮食作物、油料作物产量不断增加，耕种面积不断增加，使得排放到乌梁素海的面源污染物不断增加，导致乌梁素海水体环境恶化。

(5)水利对流域的影响

根据巴彦淖尔市 1988—2009 年年鉴统计，1988—2009 年巴彦淖尔市水利影响指数波动较大，1990 年水利影响指数增幅最大，由 1989 年的 1.92 跃增为 5.06，1992 年达峰值 6.88，从 1993 年水利影响指数呈下降趋势，1997 年降至 1.19，1998 年和 1999 年趋于回升，1999 年至 2009 年呈下降趋势，2009 年的水利影响指数由 2008 年的 0.18 增为 0.38，1988—2009 年巴彦淖尔市水利影响指数如图 4-12 所示。

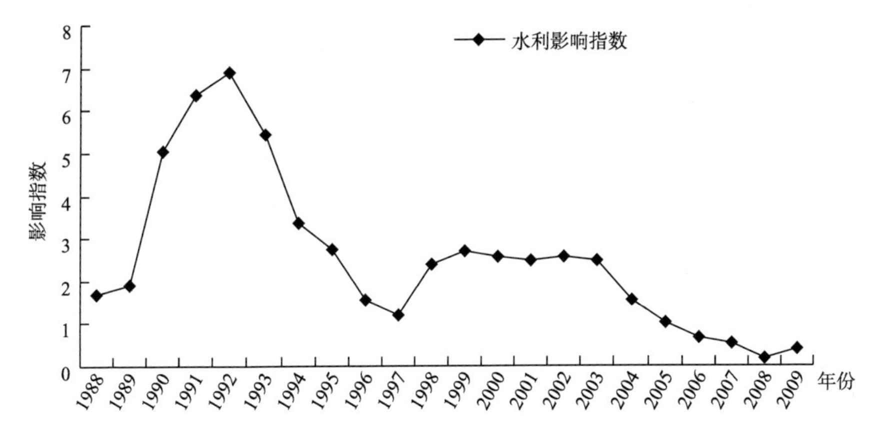


图 4-12 1988—2009 年巴彦淖尔市水利影响指数

(6)环境保护对流域的影响分析

1988—2009 年巴彦淖尔市环保投资指数变化总体呈“上升—下降—上升—下降”趋势,其中 1988—1998 年未作统计。1999 年环保投资指数为 0.06,2004 年环保投资指数最大为 1.1,2009 年环保投资指数下降至 0.52,较 2008 年的 0.61 下降了 0.09,1988—2009 年巴彦淖尔市环保投资指数如图 4-13 所示。目前,乌梁素海流域污染治理滞后于社会经济的发展,按目前的社会经济发展模式将会对水环境进一步构成威胁。因此,需加强流域的环境污染治理,实现流域社会经济与污染控制的协调发展。

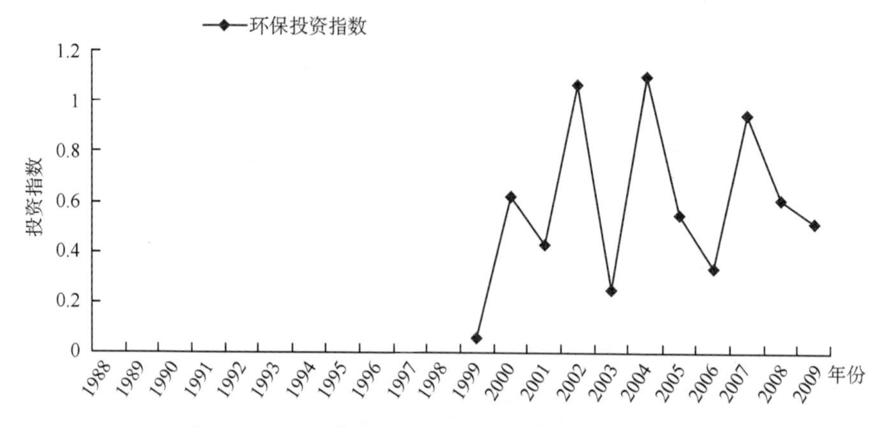


图 4-13　1988—2009 年巴彦淖尔市环保投资指数

1988—2009 年巴彦淖尔市的经济实现了从农业主导型经济向工业主导型经济战略的历史性转变,三大产业的增加值比例由传统的“一三二”结构首次调整为“二三一”,基本确定了工业经济的主导地位。工业经济的主导型经济战略使得乌梁素海流域的环境污染负荷加重,而近年乌梁素海流域的环保投资指数、水利影响指数呈下降趋势,这些因素的变化都制约了乌梁素海流域经济效益。因此加大对乌梁素海流域水污染控制,提高环保投资促进流域经济由“污染—治理”转变为“污染—预防”,从而降低投资水平。

# 5 乌梁素海水生态系统健康评估

生态系统是维持人类环境的最基本单元，生态系统具有两个基本的功能：一是生态系统服务功能；二是价值功能。人类生存和发展建立在这两个功能的正常发挥的基础之上。生态系统健康是保证生态系统功能正常发挥的前提。结构和功能的完整性、稳定性、可持续性是生态系统健康的特征。

## 5.1 乌梁素海生态系统健康评估工作内容

根据乌梁素海生态安全调查的数据，结合已有研究成果，本节提出乌梁素海水生态系统健康评估指标、评估模型和判别标准。基于乌梁素海流域水生态功能区划(以下各评估皆同)，对乌梁素海水生态系统健康状态进行评估。具体内容如下。

(1)乌梁素海水生态系统健康问题分析

在调查的基础上，研究分析主要不同类型初级生产者(包括浮游植物、沉水植物、底栖固着藻类与挺水植物)对乌梁素海初级生产力的贡献分量及其相互作用与制约关系，藻类种群结构变化与水华暴发的关系，乌梁素海营养水平、水文气象条件与水华暴发的定量关系，水生态系统演变特征、生态系统退化趋势，大型工程对乌梁素海生态系统及其安全的影响，以及流域社会经济发展模式与乌梁素海富营养化和水华暴发的关系。准确把握乌梁素海主要生态环境问题，为乌梁素海水生态健康评估奠定基础。

(2)评价指标体系的建立和评价模型的确定

首先，依据生态系统健康评价方法、目的和评价指标的选取原则，在认真分析乌梁素海水生态环境健康因素的基础上，选取乌梁素海生态健康评估指标。其次，对现有与生态健康相关的评价模型进行筛选，建立适合于乌梁素海水生态健康评价模型。

(3)乌梁素海水生态系统健康评价

根据建立的指标体系，选取乌梁素海的水质和水生态数据作为本底值，运用评价模型对乌梁素海整个生态系统的健康状况进行客观评价，深入分析乌梁素海水生态系统健康演变趋势、安全分级等，甄别关键因素和寻找乌梁素海生态安全问题的根源所在，从战略高度提出相应的生态调控方案。

## 5.2　乌梁素海生态系统健康评估方法

应用生态系统健康理论，采用生态系统健康结构功能指标体系评价方法开展乌梁素海生态系统健康评估。首先根据评价指标的选取原则，建立乌梁素海生态系统层次结构模型，即评价指标体系。其次，由评价指标值构成的判断矩阵来确定指标权重。在此基础上，按照从上到下逐层整合的办法，得出水生态系统健康综合指数（Ecosystem Health Comprehensive Index，EHCI）。参考国内外相关研究的有关标准，提出水生态系统健康评价标准。

## 5.3　乌梁素海生态系统健康评估指数体系及计算方法

### 5.3.1　指数体系

以流域自然环境及社会经济致灾因子调查（胁迫、压力），湖泊功能与健康安全调查（生态灾变识别），湖泊物质输出与生态服务功能影响调查（风险）湖库的恢复能力（更新）为评估的基础。

基于以上分析，生态安全评估从胁迫、压力、安全状态、影响和成灾风险 5 个方面，以湖库污染物迁移转化过程为主线，以富营养化湖库标准为参评标准，以湖泊的基本保障条件为临界值，建立指标体系，对可得数据进行指标初选。

依据评估思路，首先需要对湖库子系统涉及的人类活动影响、水体健康状态、服务功能分别进行分类评估，采用综合指数法分别得出压力指数、健康指数、安全指数和风险指数。

(1)胁迫与压力指标

胁迫指标反映湖库流域所处的自然环境变化对湖泊的存在形成的风险压力。胁迫指标不直接反映在湖库的生态效应上，而成为影响湖库生存及生境的重要动力，反映在多方面，会因为生境的环境条件变化，对生态产生重要的作用。湖库所受的辐射是湖库生态系统的能量来源，既影响水草的生产量，也决定水体内氧气的亏缺和盈实，决定湖库水体日温度平衡。温度垂直曲线是控制湖体水垂直对流的重要因素，水体深度较浅时，容易出现春季的翻塘现象。水温指标是决定湖库水生态的重要参数，温度是湖内水生微生物活性的重要指标，与营养化指标共同决定湖内的微生物繁殖水平；高寒湖泊往往在相同的营养条件下，由于较低的水温，富营养化危害程度较高温下弱。蒸发与降水、补给与排泄条件，决定了湖库的水力更新能力。湖库的更新能力决定湖库的水环境容量，而污染物一旦超出了可消化量，水质就会恶化，湖泊生态就会变得不稳定，出现污染灾变。

在高原，强烈的蒸发会导致湖泊的萎缩，在严重缺水的情况下，湖泊方方面面的功能都会受到影响，例如矿化度升高到一定程度后，水生态功能就恶化甚至消失。在受人工调控影响强烈的湖库中，外来物种是影响湖库生态的重要因素。相关的胁迫指标包括蒸发、蒸散量，湖库温度，补给与排泄条件，湖库水文置换时间，水体水量、水深、面积、淤积指数等。

压力指标反映人类社会对湖库的输入及调控影响。突出反映在物质循环进入污染排泄方面，人类社会经济系统的相关属性。人类经济社会系统可以分为人口、经济和社会三个部分。

人口指标在常规统计中包括人口数量、人口密度、人口自然增长率、人口迁入迁出数量等。经分析这些指标，人口数量和污染排放总量有密切联系，人口密度与土地利用方式和利用强度有关，这两个指标是环境评价和环境规划中常用的指标，适合本项研究。

经济指标包括 GDP，人均 GDP，第一、二、三产业总产值及其他国民社会经济统计的常规统计项目。在湖泊流域评价中，经济指标主要用以确定流域经济发展水平和经济活动强度。因此，经济指标应当选择能够代表经济结构与数量的指标。现有研究中，经济结构指标包括工业比例、第三产业比例、工农业产值比、单位 GDP 水耗等，经济数量结构指标包括 GDP、人均 GDP、工农业总产值等。

与污染物及水量相关的社会指标，表征污染物排放的指标，包括污染物入湖总量及点源或面源的入湖总量、入湖河流水质等，其计算方式包括总量指标、单位湖泊面积负荷、单位湖泊体积负荷等多种形式。水量指标包括湖库或流域提供的水资源总量和人类活动对水资源的利用量。常用的水量指标包括水资源可利用总量、水资源利用总量、水资源利用比、入出湖水量比、人均水资源量和生态需水量等。

社会指标包括国民社会经济统计的常规统计项目。社会指标主要用来反映湖库流域内的社会公平性和社会发展水平。现有研究对社会指标关注不多，人均收入是一个可行的指标。本节认为，基尼系数能够用于反映社会财富分配水平，是反映社会公平性的理想指标。

(2)安全识别指标

安全状态指标反映湖库生态健康状况，可以通过相关的研究成果，来鉴定安全健康状态。从污染物的纳入与消化水平来讲，需要根据入湖污染物量与水质状态确定环境容量、灾变水质标准；需要调查最大湖库水量、最小水量、成灾水量及对应水位、面积、水深；从湖体水量的方面，确定安全库容量与安全水位；从水循环的角度，需要掌握多年平均耗散量、蒸散量、安全水位、多年平均补给量；需要掌握湖库的水文置换时间与环境容量，确定安全水文置换量，确定安全矿化指标，确定淤积指数；从翻塘时的水位确定安全水位；调查湖库的多年最低温度与最高温度，确立水质恶化的温度标识与大面积水华暴发的水体温度，确定安全温度。从营养物的补给量与物资带走的养分量，确定安全物资清除量；从多年水产业生产量，确定鸟类生存需要的安全水产指标。这是从湖库水质、水量、物质条件确定的保证湖库生态安全的临界条件，是判断湖库生态安全的鉴别性指标。

(3)影响指标

影响指标反映湖库健康变化对其服务功能的影响。借鉴国内关于湖泊和河流生态服务功能的研究，认为湖库的服务功能主要体现在水质净化、水产品和水生态支持等方面。

水质指标可以借鉴国内丰富的水质评价，常规的水质监测项目都是可用指标。除了分项指标外，不同学者研究提出的综合营养指数(TSI)或综合营养度指数(TLI)是得到广泛应用的综合指标(刘鸿亮等，1986；刘永等，2004)。

水生态指标包括群落层次的浮游植物生物量(Bp)、浮游动物生物量(Bz)、大型浮游动物生物量(Bmacroz)、小型浮游动物生物量(Bmicroz)、浮游动物与浮游植物生物量的比值(Bz/Bp)、大型浮游动物与小型浮游动物生物量的比值(Bmacroz/Bmicroz)、系统层次的能质(Ex)和结构能质(Exst)。还可以包括浮游植物数量、物种多样性指数、藻类碳吸收率、浮游植物群落初级生产量、浮游植物群落初级生产量与呼吸量比(P/R)、浮游植物群落初级生产量与生物量比(P/B)、鱼产量与浮游植物群落初级生产量比(F/P)等。

(4)风险指标

风险指标反映的是水华发生对生态安全的影响。综合现有研究，评价风险的指标主要可以分为4类：水质变化、水生态群落结构变化、服务功能损失和风险影响范围。水质变化的指标包括水体理化性质变化(N、P、pH、DO)和水体藻毒素含量。水生态群落结构变化指标包括藻类生物量变化、藻类生物多样性变化、鱼类死亡量等。服务功能损失包括水产损失和饮用水功能损失。风险影响范围包括水华持续时间、影响面积、饮用水影响时间、饮用水影响人口等。

根据以上分析，得到研究的备选指标集合，如表5-1所示。其中，指示性指标包括：单位湖库体积污染物入湖总量、综合营养指数、生态健康指数、鱼类生物多样性指数、单位湖库体积污染物净化总量、单位湖库体积水产品总产值、灾变时湖体叶绿素a(Chla)浓度变化率、鸟类损失量。

**表5-1 指标集合**

| 方案层 | | 指标 |
|---|---|---|
| 胁迫压力 | 致灾因子 | 辐射强度指标、温度梯度指标、水温、营养化指标、富营养化危害强度、蒸散水量、补给水量、耗散水、排泄水、水力更新、水环境容量、缺水强度、矿化度、外来物种强烈度、湖泊水量、水深、面积、淤积指数 |
| | 人口 | 流域人口、流域人口密度、单位湖库容积人口 |

续表

| 方案层 | | 指标 |
| --- | --- | --- |
| 胁迫压力 | 经济 | 流域 GDP、流域人均 GDP、流域工业总产值、流域农业总产值、第三产业比例、流域工农业产值比、流域单位 GDP 水耗 |
| | 社会 | 流域人均收入、基尼系数 |
| 安全识别 | 物质排入、摄取 | COD 环湖点源入湖总量、TP 环湖点源入湖总量、TN 环湖点源入湖总量、$NH_3$-N 环湖点源入湖总量、COD 面源入湖总量、TP 面源入湖总量、TN 面源入湖总量、$NH_3$-N 面源入湖总量、入湖河流 COD 总量、入湖河流 TP 总量、入湖河流 TN 总量、入湖河流 $NH_3$-N 总量、COD 入湖总量、TP 入湖总量、TN 入湖总量、$NH_3$-N 入湖总量、单位湖库面积入湖 COD 负荷、单位湖库面积入湖 TP 负荷、单位湖库面积入湖 TN 负荷、单位湖库面积入湖 $NH_3$-N 负荷、单位湖库体积入湖 COD 负荷、单位湖库体积入湖 TP 负荷、单位湖库体积入湖 TN 负荷、单位湖库体积入湖 $NH_3$-N 负荷 |
| | 水资源 | 流域水资源可利用总量、流域水资源利用总量、流域水资源利用率、水草利用量、调剂水量、入湖工业废水量、入湖生活水量 |
| | 负载与消化 | 污染物入湖量、净化能力、输送转移能力、环境容量；最大湖库水量、最小水量、期望水量、成灾水量；湖库最高、最低、成灾、期望(水位、面积、水深)；湖库生态安全库容量、安全水位；多年最高、最低、成灾、平均(耗散量、蒸散量、年补给量)；水文置换能力、矿化指标、淤积系数、翻塘水位、水华爆发温度、最小物资清除量；年水产生产量、鸟类年取食量 |
| | 灾变 | 水质安全年入源污染物量，多年安全水位、安全水量、安全水温，群落安全 |
| 影响 | 水质 | 湖体 SD、湖体 Chla 浓度、湖体 Chla 总量、湖体 COD 浓度、湖体 COD 总量、湖体 CODMn 浓度、湖体 CODMn 总量、湖体 TP 浓度、湖体 TP 总量、湖体 TN 浓度、湖体 TN 总量、湖体 $NH_3$-N 浓度、湖体 $NH_3$-N 总量、湖体 DO 浓度、湖体 Hg 浓度、湖体 Hg 总量、湖体 Pb 浓度、湖体 Pb 总量、湖体 As 浓度、湖体 As 总量、湖体 Cu 浓度、湖体 Cu 总量、湖体 Zn 浓度、湖体 Zn 总量、湖体 Se 浓度、湖体 Se 总量、湖体 Cd 浓度、湖体 Cd 总量、湖体 Cr 浓度、湖体 Cr 总量、湖体氰化物浓度、湖体氰化物总量、湖体挥发酚浓度、湖体挥发酚总量、湖体石油类浓度、湖体石油类总量、湖体阴离子表面活性剂浓度、湖体阴离子表面活性剂总量、湖体硫化物浓度、湖体硫化物总量、湖体粪大肠菌群浓度、湖体粪大肠菌群总量、综合营养度指数(综合指标) |
| | 水生态 | 浮游植物数量、浮游植物生物量、浮游动物生物量、大型浮游动物生物量、小型浮游动物生物量、浮游动物与浮游植物生物量的比值、大型浮游动物与小型浮游动物生物量的比值、浮游植物群落初级生产力、浮游植物群落初级生产力与生物量比、鱼类数量、鱼类生物量、鱼产量与浮游植物群落初级生产力比、能质(Ex)、结构能质(Exst)、生态健康指数(综合指标)、浮游植物生物多样性指数、鱼类生物多样性指数、浮游植物均匀度指数、鱼类均匀度指数 |

续表

| 方案层 | | 指标 |
|---|---|---|
| 影响 | 污染净化 | COD净化总量、单位湖库体积COD净化量、TP净化总量、单位湖库体积TP净化量、TN净化总量、单位湖库体积TN净化量、$NH_3$-N净化总量、单位湖库体积$NH_3$-N净化量、湖滨带截留面源COD总量、湖滨带截留面源TP总量、湖滨带截留面源TN总量、湖滨带截留面源$NH_3$-N总量 |
| | 水产品 | 水产品总产值、单位湖库体积水产品总产值、鱼类总产值、单位湖库体积鱼类总产值、水产品藻毒素含量 |
| | 其他服务 | 生物栖息地服务价值、调蓄水量价值、游泳和休闲娱乐价值 |
| 风险 | 水质 | 灾变时湖体Chla浓度变化率、灾变时湖体DO浓度变化率、灾变时湖体COD浓度变化率、灾变时湖体TP浓度变化率、灾变时湖体TN浓度变化率、灾变时湖体$NH_3$-N浓度变化率 |
| | 水生态 | 灾变时浮游植物生物量变化率、灾变时浮游植物生物多样性变化率、灾变时浮游植物均匀度变化率、鱼类死亡量、水体藻毒素含量 |
| | 服务损失 | 控制灾害投入、水产损失、饮用水功能损失、鸟类损失量 |
| | | 水华持续时间、安全概率、水华最大影响面积、饮用水影响时间、饮用水影响人口 |

### 5.3.2 数据处理

#### 5.3.2.1 指数的标准化

针对备选指标集合，进一步优选能反映湖库生态安全状况的关键指标，并以此为依据进行湖库生态安全综合评估。

对于连续与断续的数据，进行综合分析时，主要是进行数据样本标准化及样本变化梯度的数据分析。

(1)假设有多年多指标数据，指标$i$值为$Y_i(i=1,2,\cdots,n)$，多年样本个数为$n$。根据以往研究，至少环境数据多呈现出非正态分布，因此，对偏态污染物进行Box-Cox/自然对数转换(Box et al.，1964)，即：

$$X_i = f_\lambda(Y_i) = \begin{cases} \dfrac{Y_i^\lambda - 1}{\lambda} & ,\lambda \neq 0 \\ \ln(Y_i) & ,\lambda = 0 \end{cases} \tag{5-1}$$

式中，$\lambda$为最优转换系数。使$X_i \sim N(\mu,\sigma^2 I)$，趋向正态分布，作为后续计算的分析数据。

(2)相关分析，得到各指标之间的Pearson相关系数，根据相关性系数大小，进行指标分类，并根据专家判断识别具有代表性的独立性指标。

(3)输入数据标准化(z-score)，即$X_i^* = (X_i - \overline{X}_i)/\sigma_i$，其中$\overline{X}_i$和$\sigma_i$分别为

指标的平均值和方差。

(4)聚类分析,采用的计算方法是欧氏距离平方和离差平方法进行。初步确定分类为 $t$ 个。

(5)采用后退式变量筛选检验分类结果。当分类为 $t$ 时,设有 $m(m=1,2,\cdots,n)$ 个污染物用来分类检验,则计算 $m$ 个污染物下的条件 Wilks 值和其最大值分别为 $\Lambda_{m-1}^{i}=t_{ii}^{m}/\omega_{ii}^{m}$, $i=i_1,i_2,\cdots,i_m$ 和 $\Lambda_{m-1}^{r}=\max\{\Lambda_{m-1}^{i},\forall i=i_1,i_2,\cdots,i_m\}$,对识别的污染物 $x_r$ 进行 F-检验,若满足 $P=P\{F\geqslant F_0(k-1,n-m-k+1)\}>\alpha$,则表示保留污染物 $x_r$;否则剔除并进行如下 Gauss-Jordan 变换。循环计算直到 F-检验显著。之后,以分类判别正确率为标准,采用交叉验证法(cross-validation),基于最终 $m_t$ 个显著性污染物计算分类判别正确率,即:

$$1-\Phi(-\hat{\Delta}/2)=1-\Phi(-\frac{1}{2}\sqrt{D_{pq}^{2}\cdot\frac{n-m_t-2}{n-2}-\frac{\sum_k n_k}{\prod_k n_k}m_t}) \tag{5-2}$$

(6)识别显著性指标,检验此分类判别正确率是否满足如下公式:

$$1-\Phi(-\hat{\Delta}/2)\in[c^{-},c^{+}] \tag{5-3}$$

$$m_t\leqslant m_T \tag{5-4}$$

式中,$[c^{-},c^{+}]$为人为确定的容忍区间(一般取 70%~100%);$m_T$ 为分类为 T 的显著性污染物个数。若满足式(5-3),则选择时间分类数较多者 T,针对最终 T 组,得到相应的显著性污染物个数;若不满足式(5-4),则循环计算直到满足条件。不仅识别最优时间分异性,并且得到显著性指标。

指标体系中除"风险"部分外,均进行标准值。

临界值判断时,采用区间法与变化梯度法。

(1)高值区间:指标值=(实际值-期望)/(高值-期望)

(2)低值区间:指标值=(实际值-期望)/(期望-低值)

经过指标值计算,所有的指标都无量纲化。

#### 5.3.2.2 基本计算方法

在前述指标体系的建立过程中,已利用层次分析的思路,建立了多级层次结构:目标层 V,准则层 A,方案层 B,指标层 C,并已计算出方案层的 B 值。各指标值由乘(除)法运算给出,反映现有状态对标准状态的偏离程度,指标值是现有状态相对标准状态的倍数。因此,建立在此基础上的指标体系计算中,加权几何平均值是比加权算术平均值更优的运算方式。模型选择加权的几何平均值法作为模型计算的基本算法。研究中,需要剔除 $B_i=0$ 的部分。

方案层用下式计算:

$$B_i=\prod_{i=1}^{n}(x_{ij}^{w_j}) \tag{5-5}$$

式中，$B_i$ 为第 $i$ 个方案层（胁迫、压力、安全、影响、灾变）计算结果，$x_{ij}$ 为第 $i$ 个方案层的第 $j$ 个指标，$w_j$ 为其权重。

对于目标层即生态安全指数用下式计算：

$$ESI = \prod_{i=1}^{n} (B_i^{w_i}) \tag{5-6}$$

式中，$ESI$ 为生态安全指数，$B_i$ 为第 $i$ 个方案的值，$w_i$ 为其权重。

#### 5.3.2.3 方案层权重

B-C 层的权重确定选择 AHP-PCA 法中的一部分“量值关系权”来确定各指标的权重。对指标优选后建立的指标体系进行赋权，应当保证指标权值尽可能具有客观性，权值大小应能体现因子的量值大小和它们之间的相关关系。设方案 $B_i$ 用一组指标 $x_{i1}, x_{i2}, \cdots, x_{ij}$ 来表征，利用 PCA 得到 $j$ 个特征向量：

$$\begin{cases} Z_{i1} = w_{i1}^{(1)} x_{i1} + w_{i2}^{(1)} x_{i2} + \cdots + w_{ij}^{(1)} x_{ij} \\ Z_{i2} = w_{i1}^{(2)} x_{i1} + w_{i2}^{(2)} x_{i2} + \cdots + w_{ij}^{(2)} x_{ij} \\ \cdots \\ Z_{ij} = w_{i1}^{(j)} x_{i1} + w_{i2}^{(j)} x_{i2} + \cdots + w_{ij}^{(j)} x_{ij} \end{cases}$$

式中，$w_1^{(j)}, w_2^{(j)}, \cdots, w_j^{(j)}$ 的和为指标 $x_{i1}, x_{i2}, \cdots, x_{ij}$ 对主成分 $Z_{ij}$ 的贡献。设 $w_j = w_1^{(1)} + w_1^{(2)} + \cdots\cdots + w_1^{(j)}$，则 $w_j$ 表示第 $j$ 个指标对方案 $B_i$ 的综合信息能力贡献，即权重。

#### 5.3.2.4 准则层与目标层权重

对于 V-A，A-B 层权重确定，即判断矩阵，引入多准则群体决策模型综合判断矩阵。

多准则群体决策模型的实质，是对专家意见进行聚类分析的层次分析法（AHP）。

系统聚类法的原理是通过计算各个向量之间的距离，将距离相近的向量进行合并，最后通过选定的阈值来确定分类的一种数值分析方法。将每一位专家的评判结果看作是一个向量，而专家评判结果之间的一致性程度采用向量夹角余弦来定义。若两专家某同一层次的特征向量分别为 $L=(l_1, l_2, \cdots, l_n)$ 与 $M=(m_1, m_2, \cdots, m_n)$，则两专家判断结果的一致性程度 $d_{lm}$ 可定义为：

$$d_{lm} = \sum_{i=1}^{n} l_i m_i \Bigg/ \sqrt{\sum_{i}^{n} l_i^2 \sum_{i}^{n} m_i^2} \tag{5-7}$$

显然 $d_{lm}$ 越大，两个向量之间的一致性程度越高，说明两专家在比较判断时的相似性越大。当一致性程度达到一定水平时，就可将这两个专家归为一类。以 $d_{lm}$ 作为标准，对专家群进行系统聚类分析，聚类过程不再赘述。

根据系统聚类法的原理可知同一类专家的评价信息具有极大的相似性，从而可认为同一类专家对评价结果具有近似相同的权重；反之，属于不同类的专家对评价结果就具有不同的权重。对于不同的类，包含专家较多的类中，其专家的评价信息代表了大多数专家的意见，因而对其赋予较大的权重系数；反之，对专家数较少的类中的专家赋予较小的权重系数。

假设对 $k$ 位专家进行系统聚类分析后，第 $i$ 位专家所在的类中包含有 $\Psi_i$ 位专家，设第 $i$ 位专家的权重为 $a_i$，$a_i$ 与 $\Psi_i$ 成正比。由式 $\sum_{i=1}^{k} a_i = 1$ 和式 $a_1 : a_2 : \cdots : a_k = \psi_1 : \psi_2 : \cdots : \psi_k$，可得第 $i$ 位专家的权重系数为 $a_i = \dfrac{\psi_i}{\sum_{j=1}^{k} \psi_j}$。

基于 AHP 的群体决策综合判断矩阵，其某一层次的特征向量 $W = (W_1, W_2, \cdots, W_n)^T$，可由各位专家同一层次判断矩阵得到的特征向量 $W^{(i)} = (W_1^{(i)}, W_2^{(i)}, \cdots, W_n^{(i)})^T$，通过权重系数 $a_i$ 对每一因素权重进行加权平均而得，计算公式为：

$$W_i = \sum_{j=1}^{k} (a_j \cdot W_i^{(j)}) \tag{5-8}$$

#### 5.3.2.5 生态安全指数及安全评级

生态安全指数 $ESI$ 反映各湖库评价标准的偏离程度。选择胁迫与压力评估指标、湖库的安全水平指标、服务与需求指标、环境风险损失指标，对比最为安全时的条件下求得的指标进行比较，求得时间序列下的相对值。计算方法如下：

$$A = \sqrt[n]{\prod_{i=1}^{n} \frac{b_i}{c_i}} \tag{5-9}$$

式中，$A$ 为修正系数，$c_i$ 为第 i 种指标的标准值，$b_i$ 为条件最好年的第 $i$ 种指标的测量值。

利用修正系数和 $ESI$，计算出湖库自身在不同时段的系统生态安全指数 $LESI$。

$$LESI = 1/A \times ESI \times 100 \tag{5-10}$$

$LESI$ 可以大于 100，计算结果得到的 $LESI$ 是一个越大越好的指数，需要用Ⅱ类水标准时的相应指标，进行标准化为 100。表示湖库良性循环的状态，水质相当安全的水平。

$LESI$ 以 100 为目标值，$LESI=100$ 意味着湖库在良好条件下的湖体健康及所能提供的湖库服务输出水平。一般来说，$LESI$ 小于 100，对水质恶化初期的 $LESI$，建立生态安全等级。

## 5.4 乌梁素海生态系统健康评估技术路线

评价研究的总体思路是首先建立评价指标体系和相应的评价标准，基于评价指标体系，建立评价模型，开展评价研究，评价研究的总体技术路线如图 5-1 所示。

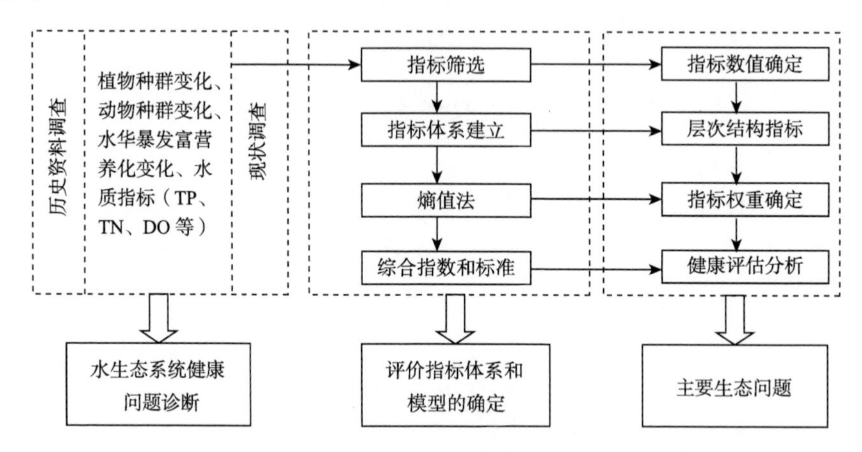


图 5-1　乌梁素海生态系统健康评价技术路线

## 5.5 乌梁素海生态系统健康评估结果

经分析，乌梁素海 1988—2009 年的生态健康状况，86％的年份处在好的状态（Ⅳ级），14％的年份处在中等的状态（Ⅲ级）。总体而言，乌梁素海生态系统健康状态水平较高，但生态系统结构上，需要注意沼泽化严重的问题。

# 6 乌梁素海生态系统服务功能损失评估

湿地生态系统服务功能的研究逐渐成为国际湿地研究的前沿课题之一。乌梁素海湿地面积广阔、湿地类型多样，具有多种重要的生态系统服务功能，很大程度上乌梁素海湿地资源保护与合理开发依赖于对其各项服务功能过程研究和价值评估，湿地服务功能的研究也是保证湿地资源可持续发展的理论基础。各类湿地生态系统主导服务功能的定位、每项服务功能的价值评估方法的选取，是湿地生态系统服务功能价值评估的关键。本章将对乌梁素海旅游业发展与湖泊影响、渔业和苇业产量及变化以及鸟类变化进行分析，并对乌梁素海流域生态系统服务功能损失进行评估。

## 6.1 生态系统服务功能损失评估概述

### 6.1.1 工作内容

通过现状调查和历史资料收集，了解影响生态系统服务功能的主要因素，建立人类活动对乌梁素海流域生态安全影响的评估指标体系和评估模型，评价人类活动对乌梁素海生态安全的影响状况，具体内容如下。

(1)乌梁素海生态系统服务功能问题分析

乌梁素海生态系统的直接服务功能主要包括，①产品供给服务功能：水产品和饮用水；②调节服务功能：气候调节、防洪、水质净化；③文化服务功能：游泳、休闲、娱乐和观景。

对乌梁素海生态服务功能的评估，可从服务功能的状态和经济价值入手，服务功能的好坏或大小，可从服务的数量、质量来评估(即服务功能的状态)，也可以换算成货币金额来衡量(即经济价值)。本节提出以状态评估和经济价值评估相结合的评估方法，以期对乌梁素海生态系统服务功能做出合理的、科学的、结果易于理解的评估。

(2)评价指标体系的建立和评价模型的确定

根据乌梁素海的实际情况，选取饮用水源地、水产品供给、鱼类栖息地、湖滨带对面源污染物的截流净化和休闲娱乐等 5 项服务功能进行评估。然后，对现有与生态系统服务功能相关的评价模型进行筛选，确定适合乌梁素海生态系统服务功能的评价模型。

(3)乌梁素海生态系统服务功能评估

根据建立的指标体系,运用评价模型对乌梁素海整个生态系统的服务功能状况进行客观评估,进而深入分析乌梁素海生态系统服务功能演变趋势等,甄别关键因素和识别乌梁素海生态安全问题的根源所在,以此从战略高度提出相应的生态调控方案。

### 6.1.2 评估方法

采用收集历史数据与现场调查相结合的方法开展生态系统服务功能损失评估。在已有研究成果与现场调查资料的基础上,运用服务功能指数模型计算各项生态服务功能评估指数。依据指数的等级划分标准确定各项服务功能的安全状态。在对乌梁素海各项生态服务功能评估的基础上,最后对乌梁素海生态服务功能进行总体评估。

### 6.1.3 技术路线

对乌梁素海流域生态系统服务功能进行评价,首先是建立评价指标体系和相应的评价标准,进而建立相应的评价模型开展服务功能的状态和经济价值的评估。具体技术路线如图 6-1 所示。

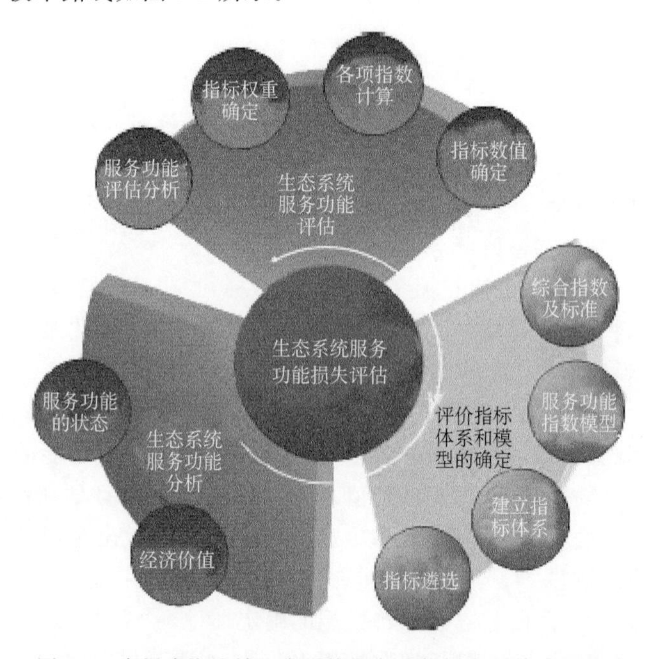


图 6-1 乌梁素海流域生态系统服务功能损失评估技术路线

## 6.2 乌梁素海生态系统服务评估分析

### 6.2.1 乌梁素海旅游业发展与湖泊影响分析

#### 6.2.1.1 旅游业发展现状

(1)景区概况与区位分析

乌梁素海位于内蒙古自治区东西旅游走廊的主轴线上,是昭君坟—五当召—成吉思汗陵—响沙湾—维信高尔夫球场—乌梁素海—乌兰布和沙漠—黄河水利风景区黄金旅游线中的重要节点。从旅游发展战略角度对于自治区提升西部,平衡东西,串联全区,连通西北具有重要意义。乌梁素海和包头、呼和浩特、鄂尔多斯、临河等周边客源市场距离在350 km范围内,和兰州、西安、郑州、石家庄、天津、北京等旅游热点城市距离在750 km范围内。

(2)旅游资源特色分析

①水域风光类和生物景观类旅游资源非常突出

乌梁素海现有的芦苇、菖蒲、水鸟、滩涂等具有水域风光特色突出的元素,从规模、品质、组合效应多方面综合评估,其生物景观类资源优势较为突出,水域风光特征明显,特别是鸟类的种类和数量具有一定优势。

了解鸟的生态特征及生活习性是国际观鸟的发展趋势,可以加强人类对鸟类的关爱和保护意识。乌梁素海芦苇丛生的开阔湖面,禽鸟的栖息极富特色,适合在特定地域开发水域游憩区和观鸟区,转化为有价值的观光、游憩、生态旅游产品。

②乌梁素海的演化形成过程含有丰富的自然科学和人类历史文化内涵,可开发的科普内容丰富

乌梁素海虽然是一个年轻的湖泊,其仅有160多年的历史,但是其河迹湖的形成过程以及湖泊生态退化过程反映了河套地区地质环境的巨大变化、黄河河套地区的环境变迁以及人类活动的影响,具有深邃的科学内涵,内容丰富有趣,为开发生态科普产品提供了良好的资源基础。

③文化多元,遗存物质载体少,非物质文化开发潜力大

乌梁素海具有较深厚的历史文化内涵,形成湿地文化、草原文化、河套文化、兵团文化、抗日文化、古代战事文化等多元文化,有利于打造多样的富有文化内涵的旅游产品。但文化资源等级较低,物质文化资源载体较少,主题不突出,限制了高档次、大规模的物质文化旅游精品的开发。相比之下,非物质文化具有较大的开发潜力。

④产业旅游资源丰富

乌梁素海具有丰富的水产生产与加工、狐狸养殖等产业旅游资源。湖泊北部以天然水产为主，南部以人工池塘养殖为主，并规划建设沿湖养殖带。这些大规模的水产养殖及水产加工产业为发展产业旅游提供了有利条件，可开展产业观光、产品品尝与购买等一系列产业旅游活动。

⑤周边景观组合优势突出

乌梁素海在景观特征上与巴盟东部的湖泊有显著差别，其特点可概括为：北傍阴山，南面黄河，乌梁素海居中间，草原、荒漠围周边。多种类型的景观与乌梁素海湿地本身所特有的芦苇丛生的开阔湖面和野生水禽的栖息景观交相辉映，构成了乌梁素海地区丰富多彩的景观形态，景观组合优势突出。宏观尺度上，形成北面阴山，南部黄河，中部湿地的组合景观，充分体现了我国北方特有的气势恢宏、雄伟壮观的景观特征。中观尺度上，湖区东部、南部的碱草、碱丛、草场、荒漠等自然景观，色彩丰富艳丽，层次感强，农牧民生产生活方式、民俗风情等人文景观别具风情，与湿地景观形成良好的景观组合，提升了景观观赏价值。

(3)旅游业发展现状及存在问题

①旅游业发展现状

目前乌梁素海主要开发了以水鸟、湖区景观、湖岸景观为主的观光游览产品，主要游线包括场部—大泊洞—南天门水上游线和坝头—二点岸上观光线，主要旅游景区包括坝头、二点、南天门，主要旅游服务基地为场部、二点和南天门，但二点和南天门现已呈荒废状态。

坝头是景区的管理服务中心和旅游集散地，靠近湖边建有坝头旅游度假村，设施简单，有可同时容纳 200 人就餐的餐厅，可同时容纳 120 人住宿的宾馆和蒙古包，建有可容纳 30 艘游艇的简易码头和一个小型鸟展馆。二点有巴盟市集资筹建的度假村，修建有木质栈桥，桥上设有水上餐厅、娱乐厅等游乐场所。南天门有古堤坝形成的栈桥，建有长岛度假村，有 10 多间艺术造型的蓑衣屋，还有简单的餐饮、观光、游览设施，如瞭望塔、码头、游艇等。旅游时段季节性很强，一般集中在 6—9 月，其他月份基本没有游客。

乌梁素海旅游业于 1988 年开始起步，在开发初期取得了不错的业绩。据渔场调查估计，1988—1993 年旅游人数在 1 万人左右，1994—1997 年在 3 万人左右，1998—2001 年也在 2 万～3 万人，特别是 2002 年以来，游客人数从 3.1 万人次增加到 5.4 万人次，营业收入也从 58.3 万元增加到 229.2 万元。但随着时间的推移，尤其是自 2006 年以后，其旅游人次和收入有较大的回落，游客人数由 2006 年的 5.4 万人次下降到 2008 年的 2.4 万人次，营业收入也由 2006 年的 229.2 万元下降到 89.2 万元，减幅明显。之后 2009 年情况又有了大幅度好转，游客人数达到 6 万人次，营业收入也增加到 400 万元，如图 6-2 所示。

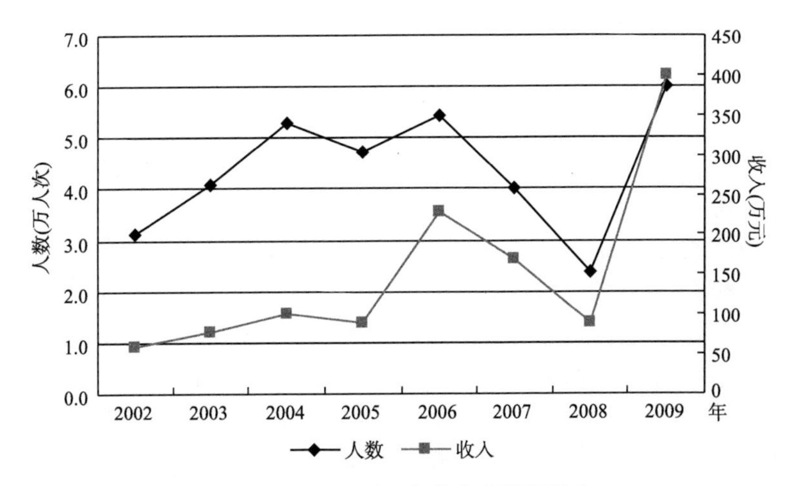


图 6-2　2002—2009 年游客人数及收入

近几年乌梁素海旅游业发展势头的减弱，与湖泊的水质变化有很大关系。20 世纪六七十年代，湖泊湿地环境优越。80 年代中期后，由于入湖水量减少、水位降低，生物填平作用使湖底不断增高，乌梁素海水源不足问题日益突出，有时平均水深只有 0.7 m。同时又有灌区的农业废水以及上游城区的工业和生活污水大量排入，造成湖水水质污染，富营养化不断加剧。2000 年之后情况进一步恶化，水草疯长，藻类大量繁殖，湖底缺氧，鱼类生存环境受到严重威胁，使原有的鱼类、其他水生动植物及鸟类的种群数及数量也都明显减少，黄河大鲤鱼已消失，自然保护区的生态环境及其外围的生态旅游资源遭到破坏。

其中 2006—2009 年游客人数及收入的大幅度变化，除了周边人群的旅游热度下降之外，还有一个最主要的原因，即乌梁素海暴发的"黄苔"事件。

②旅游业发展中存在的主要问题

乌梁素海旅游业已有二十多年的发展历史，但发展速度慢，市场规模小，旅游收入占国民生产总值的比例还很低，旅游资源优势远远没有得到发挥。究其原因，其旅游业发展存在以下几大瓶颈，制约了旅游发展前进的步伐。

a. 旅游产品特色不足，主题不突出

人们外出旅游观光驱动力虽多，但主要是追求异地特色体验。乌梁素海旅游开发尚停留在水鸟和湖区风光的简单观光层面，旅游产品特色不足，主题不突出，特色资源还远远没有转换为特色产品。表现在一是主导产品挖掘深度不足，如水鸟和湖区景观特色在表现方式和手段、表现内容方面尚停留在表层和直观层面，开发形式单一、档次较低；二是挖掘广度不足，重要的生态地位等一些在全国具有比较优势的特色尚处于"藏在深闺人不知"的状态，没有得到充分挖掘，并未开发为旅游产品；三是和周边的草原、荒漠等景观没有进行有效的资源整合，与乌拉特前旗各景区也处于各自发展状态，没有体现不同层面的资源组合优势；四是没有形成主题突出、内容呼应、体系完整的旅游产品体系。

b. 旅游环境差,旅游设施落后

宏观区域旅游环境氛围不足。西山咀镇是整个乌拉特前旗主要的旅游集散地,乌梁素海旅游区对外通道上的重要枢纽。但西山咀镇目前旅游氛围不足,在广场、火车站、高速公路沿途和出口处等重要的地标区缺乏对乌梁素海景区的宣传,整体宏观区域环境不足以对乌梁素海产生带动作用。

水污染严重。由于乌梁素海85%的水量由灌区退水补给,所以湖水中氮磷营养盐、有机物及盐分较高,污染严重,在2000—2003年湖内水质大部分属Ⅳ~Ⅴ类水,造成鱼类大量死亡,水生动植物向单一化发展,破坏了湖区的生态平衡,对旅游业产生严重的负面影响。2004年下半年水质有好转,上升为Ⅲ类水,但在湖区北部滞水区水质仍较差,2005年在浅水的滞水区仍有"黄苔"出现。

基础设施、服务设施落后。从旅游业的"吃、住、行、游、购、娱"六个方面考虑,目前景区基础设施、服务设施严重落后,极大地制约了景区的发展。吃、住:目前景区仅有普通饭店,缺乏星级宾馆。餐饮场所规模小、设施简单、特色不足、风味食品较少。住宿设施档次较低、容量不足、缺乏地域文化特征。行、游:景区对外交通比较便捷,但景区内环湖道路为土路,路况不好,急待修整升级。湖区没有专用的旅游车辆,旅游船舶数量较多,但湖内航道目前只有游艇通航,客、货运尚未开通。码头目前功能混乱、环境较差、设施简单,不足以支撑大规模的水上游览。缺少垃圾箱、厕所等基本的服务设施。购、娱:缺少特色商品,缺少旅游购物和娱乐场所,缺少娱乐项目和娱乐活动。

c. 知名度较低,尚未形成鲜明的旅游形象

目前乌梁素海除在周边地区具有一定的知名度外,在其他重点客源市场知名度较低,知道、了解乌梁素海的人不多。现有旅游形象不能反映旅游资源的整体特征,使旅游形象与旅游资源特色发生错位,旅游宣传促销相当薄弱。

#### 6.2.1.2 量值评价

表6-1的统计结果表明,乌梁素海的旅游资源共有8类、21亚类、35个旅游资源基本类型,72个旅游资源单体。

从全国的角度看,将乌梁素海各类别旅游资源数量所占的比例进行统计,如表6-1所示。

**表6-1 乌梁素海各层次旅游资源数量统计**

| 系列 | 全国标准数目 | 乌梁素海旅游资源调查区 | |
|---|---|---|---|
| | | 数目 | 占全国比例(%) |
| 主类 | 8 | 8 | 100 |
| 亚类 | 31 | 21 | 70 |
| 基本类型 | 155 | 35 | 22 |

乌梁素海旅游资源的丰度,还可以根据其在相应区域内旅游资源基本类型所占的比例判断,如表 6-2 所示。

**表 6-2 不同区域旅游资源丰度等级指标**

| 丰度等级 | 省级 | 地区级 | 县级 | 景区级 |
|---|---|---|---|---|
| 较少级 | 小于 60% | 小于 40% | 小于 20% | 小于 10% |
| 中等级 | 61%~80% | 41%~60% | 21%~40% | 11%~20% |
| 丰富级 | 大于 80% | 大于 60% | 大于 40% | 大于 20% |

注:丰度为地区旅游资源基本类型与全国旅游资源基本类型的比值。

乌梁素海属于景区级,其旅游资源的基本类型的丰度为 22%,与表 6-2 对照,其丰度超过了 20%,在总体上属于丰富级。

### 6.2.1.3 品质评价

依据《旅游资源分类、调查与评价》(GB/T 18972—2003)中旅游资源评价的要求、方法和评分标准,在系统掌握乌梁素海旅游资源的基础上,进行定量评价。由于乌梁素海的旅游资源只进行了概查,所获得的资料和数据不足于对旅游资源单体评价,这里采用的方法是对旅游资源基本类型进行的概念性评价,如表 6-3 所示。

**表 6-3 乌梁素海旅游资源质量概念性评价(分值)**

| 基本类型 | 观赏游憩使用价值 | 历史文化科学艺术价值 | 珍稀奇特程度 | 规模、丰度与概率 | 完整性 | 知名度和影响力 | 适游期或使用范围 | 小计 | 等级 |
|---|---|---|---|---|---|---|---|---|---|
| 最高得分 | 30 | 25 | 15 | 10 | 5 | 10 | 5 | 100 | |
| 岸滩 | 10 | 5 | 2 | 8 | 4 | 1 | 3 | 33 | 中 |
| 岛区 | 20 | 13 | 5 | 5 | 3 | 4 | 3 | 53 | 良 |
| 观光游憩河段 | 20 | 15 | 5 | 3 | 3 | 1 | 2 | 49 | 中 |
| 碑碣 | 5 | 15 | 4 | 2 | 2 | 1 | 3 | 32 | 中 |
| 艺术建筑与建筑小品 | 13 | 8 | 2 | 2 | 2 | 1 | 3 | 31 | 中 |
| 特色社区 | 10 | 15 | 5 | 3 | 3 | 1 | 4 | 41 | 中 |
| 桥 | 10 | 3 | 2 | 3 | 3 | 3 | 4 | 28 | 中 |
| 码头 | 15 | 5 | 3 | 4 | 4 | 2 | 4 | 37 | 中 |
| 体育节 | 8 | 5 | 3 | 3 | 3 | 2 | 1 | 25 | 中 |
| 观光游憩湖区 | 25 | 18 | 5 | 8 | 4 | 8 | 4 | 72 | 良 |
| 水生动物栖息地 | 20 | 15 | 10 | 8 | 4 | 3 | 3 | 63 | 良 |
| 运河与渠道建筑 | 20 | 15 | 5 | 8 | 4 | 5 | 4 | 61 | 良 |

续表

| 基本类型 | 观赏游憩使用价值 | 历史文化科学艺术价值 | 珍稀奇特程度 | 规模、丰度与概率 | 完整性 | 知名度和影响力 | 适游期或使用范围 | 小计 | 等级 |
|---|---|---|---|---|---|---|---|---|---|
| 菜品饮食 | 5 | 10 | 10 | 3 | 2 | 5 | 3 | 38 | 中 |
| 水产品与制品 | 20 | 15 | 11 | 8 | 4 | 7 | 4 | 69 | 良 |
| 沼泽与湿地 | 25 | 20 | 15 | 8 | 4 | 8 | 3 | 83 | 优 |
| 鸟类栖息地 | 25 | 22 | 12 | 9 | 4 | 8 | 4 | 84 | 优 |
| 物候景观 | 25 | 20 | 12 | 9 | 4 | 6 | 4 | 80 | 优 |
| 陷落地 | 15 | 20 | 10 | 8 | 3 | 5 | 3 | 64 | 良 |
| 草地 | 20 | 5 | 8 | 3 | 3 | 5 | 4 | 48 | 中 |
| 历史事件发生地 | 5 | 20 | 7 | 5 | 2 | 3 | 2 | 44 | 中 |
| 军事遗址与古战场 | 10 | 20 | 10 | 7 | 2 | 5 | 0 | 54 | 良 |
| 废城与聚落遗迹 | 8 | 10 | 12 | 7 | 2 | 3 | 0 | 42 | 中 |
| 教学科研实验场所 | 20 | 10 | 7 | 5 | 2 | 3 | 3 | 50 | 良 |
| 长岛游乐休闲度假地 | 20 | 10 | 5 | 5 | 3 | 3 | 4 | 50 | 良 |
| 建设工程与生产地 | 25 | 20 | 7 | 8 | 3 | 3 | 4 | 70 | 良 |
| 动物与植物展示地 | 25 | 15 | 8 | 5 | 3 | 3 | 5 | 64 | 良 |
| 景物观赏点 | 20 | 5 | 5 | 3 | 3 | 1 | 4 | 41 | 中 |
| 展示演示场馆 | 10 | 5 | 5 | 5 | 4 | 3 | 4 | 36 | 中 |
| 康体游乐休闲度假地 | 15 | 5 | 3 | 5 | 4 | 3 | 4 | 39 | 中 |
| 传统与乡土建筑 | 10 | 3 | 3 | 3 | 3 | 3 | 4 | 29 | 中 |
| 堤坝段落 | 10 | 10 | 5 | 5 | 3 | 3 | 4 | 40 | 中 |
| 提水设施 | 20 | 20 | 10 | 5 | 4 | 8 | 4 | 71 | 良 |
| 农林畜产品与制品 | 15 | 10 | 2 | 2 | 3 | 3 | 4 | 39 | 中 |
| 中草药材及制品 | 5 | 5 | 5 | 2 | 2 | 2 | 3 | 24 | 差 |
| 人物 | 5 | 5 | 5 | 2 | 2 | 3 | 2 | 24 | 差 |

根据旅游资源得分数值等级划分标准，旅游资源基本类型划分为优、良、中、差等四个等级，各级情况如表 6-4 所示。

**表 6-4 乌梁素海旅游资源基本类型的质量等级**

| 等级 | 指标 | 名称 | 数量 | 比例 |
|---|---|---|---|---|
| 优 | 75～100 分 | 沼泽与湿地、鸟类栖息地、物候景观 | 3 | 8.57% |
| 良 | 50～74 分 | 岛区、观光游憩湖区、水生动物栖息地、运河与渠道建筑、水产品与制品、陷落地、军事遗址与古战场、教学科研实验场所、长岛游乐休闲度假地、建设工程与生产地、动物与植物展示地、提水设施 | 12 | 34.29% |

续表

| 等级 | 指标 | 名称 | 数量 | 比例 |
|---|---|---|---|---|
| 中 | 25～49分 | 岸滩、观光游憩河段、碑碣、艺术建筑与建筑小品、特色社区、桥、码头、体育节、菜品饮食、草地、历史事件发生地、废城与聚落遗迹、景物观赏点、展示演示场馆、康体游乐休闲度假地、传统与乡土建筑、堤坝段落、农林畜产品与制品 | 18 | 51.43% |
| 差 | 0～24分 | 中草药材及制品、人物 | 2 | 5.71% |
| 统　计 | | | 35 | 100% |

注：总分为100分。

上述分析表明，乌梁素海旅游资源质量总体上属于中上等，其中优质旅游资源基本类型仅限于湖泊湿地中的景观和某些自然现象，数量虽然不大，但特点较突出，它们构成乌梁素海旅游资源的稳定框架，是未来旅游开发的支柱。

#### 6.2.1.4　旅游业发展对湖泊的影响分析

生态旅游是“保护性旅游”和“可持续发展旅游”，其最大特点是在旅游开发的同时强调对旅游对象的保护。乌梁素海处于湖泊湿地水禽自然保护区内，生态旅游开发更要遵循在保护基础上进行开发，并且特别注意对保护区内生态环境和生物多样性的保护。

(1)有利影响

①促进自然生态环境的良性循环

促进对保护区野生动植物，特别是鸟类和珍稀水禽（天鹅）的保护；保护和促进生物多样化；促进水污染的治理和水体环境的保护；增强对周围群众和旅游者的生态环境保护意识的教育。

②生态旅游开发促进保护区的经济发展

提高乌梁素海地区的社会知名度，改善投资环境，为社会经济发展创造了良好机遇。增加区域的经济收入，增强保护区进行湿地生态和生物多样性保护的经济支撑和管理力度。改善区域经济结构和产品结构，促进保护区向开发型经济发展。

(2)不利影响

①旅游活动对水生动植物及鸟类水禽的生存环境产生干扰

大量游人在湖区内的旅游活动会在一定程度上干扰和破坏水生动植物的生长栖息环境，对旅游区和保护区的水生动植物覆盖率、生长率和种群结构产生不利影响。

②基础设施、旅游设施占据一定的空间，有可能破坏和割裂野生动植物的自然生境

③游人的旅游活动造成环境污染

旅游活动所遗留下的大量的垃圾、污水、废气等会给乌梁素海的环境保护带来新的问题和挑战。

④过分依赖生态旅游业可能导致区域经济发展不平衡

旅游对保护区和旅游环境的不利影响应该在旅游开发中采取有效的环境保护措施及控制环境容量，尽量减少或避免其影响。

### 6.2.2 渔业、苇业产量及变化分析

#### 6.2.2.1 渔业产量及变化分析

(1)渔业历史调查及分析

按照《中国鱼类系统检索》的分类系统进行鉴定，初步确定乌梁素海的鱼类种类较少，有 8～10 种，分别隶属于 2 目 3 科，其中以鲤科鱼类为主，约有 5 种，占总种数的 62.5%；鳅科 2 种，占总种数的 25%；鲶科 1 种，占总种数的 12.5%。

乌梁素海有些鱼的种类如青鱼、草鱼、瓦氏雅罗鱼、青鳉等已绝迹。目前湖内鱼类种类及数量较少，鱼类数量最多的为鲫鱼，占 80%以上，其次为麦穗鱼、鲤鱼，其他种类数量均较少，鱼类种群单一，鱼类种群数量以鲫鱼为绝对优势。鱼类种类多样性减少的原因或许主要是湖泊水质恶化及冬季最初湖泊水有毒所致。

乌梁素海形成至今已有 100 多年历史，1958 年以前鱼类种群发展一直处于天然状态，主要鱼种有鲤鱼、鲫鱼、瓦氏雅罗鱼、赤眼鳟、泥鳅、鲶鱼等，其中鲤鱼的种群数量占绝对优势。在当时，没有渔业生产，仅有个别渔民捕捞以及后来季节性捕捞。1954 年正式开始渔业生产，随着渔业生产的扩大，1958 年开始人工投放青、草、鲢、鳙四大家鱼鱼种及团头鲂鱼种。但由于种种原因，四大家鱼及团头鲂都没有形成较稳定的种群生物量。随着乌梁素海水环境的变化，鱼类种群数量以及鱼类种类也发生了变化。据调查，1955 年以前，鱼获物组成中鲤鱼数量占 90%以上；1960 年占 50%～60%；1960 年以后鲤鱼在鱼获物组成中所占的比例逐渐下降，相反鲫鱼的数量逐渐上升；从 1983 年的 50%～60%上升到 1999 年的 78%，同时，其他的一些鱼种逐渐消失或所占的比例很小；2000 年以后乌梁素海鱼类主要以小杂鱼、鲫鱼为主，鱼类发展趋势向小型化、单一化发展。总之，过去 50 多年来，乌梁素海鱼类种群变化与环境和经济因素有关，而且未来会进一步变化，乌梁素海鱼类种群变化情况如表 2-3 所示。

乌梁素海 1954 年正式开始渔业生产，下面的数字显示湖泊不同年份鱼产量情况。鱼产量变化范围在 300～3500 t/a。1960—1974 年，乌梁素海鱼产量大幅度下降。1974—1984 年，鱼产量逐渐增加，但还没有达到 60 年代初鱼产量的三分之一。80 年代后，鱼产量一直很低。到 90 年代，每年鱼产量缓慢

增加。在2000—2001年休渔，2002年鱼产量达到了60年代初最高产量，主要是因为休渔2年中没有进行任何捕鱼活动。但是，2003年鱼产量下降到最大产量的一半。

在1981—1990年期间，捕获物组成中，主要是鲫鱼、鲤鱼和瓦氏雅罗鱼。1991年以后，鲤鱼和瓦氏雅罗鱼从捕获物中消失，但增加了麦穗鱼。在2000年和2001年禁渔后，捕获物几乎全是鲫鱼。在最近几年，捕获物几乎全部是鲫鱼和小杂鱼。现在，湖泊内的鱼的数量完全靠每年人工放养的鱼苗来维持。

每年9月底10月初，将鱼苗用船运至湖中，在南天门水域周围投放鱼苗，平均每年投放2.5万斤，约50万尾。鱼苗种类主要为鲤鱼、极少量的鲫鱼。

乌梁素海渔业生产主要包括大海区渔业生产和池塘养殖两部分。近几年来，大海区年产小杂鱼350万～400万斤。为扩大养殖规模、增加养殖品种、提高产品档次，池塘面积1000亩，养殖品种主要包括乌鳢、鲤鱼、草鱼、鲶鱼、鲫鱼等，年产100万～110万斤。乌梁素海渔业产量历史变化如图6-3所示。

此外还进行了大海区网围草鱼养殖，转化水草，在提高养殖效益的同时，实现水草的转化增值，减缓湖泊内源污染。

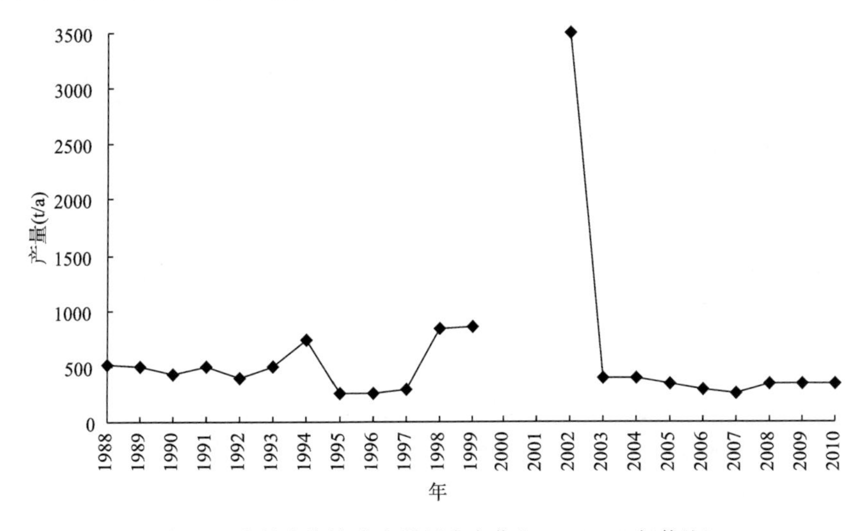


图6-3 乌梁素海渔业产量历史变化(2000,2001年休渔)

(2)渔业现状

大海区渔业生产，2009年共捕捞小杂鱼、鲫鱼350 t。为扩大高档特色鱼类养殖，实现小杂鱼转化增值，池塘精养面积达到1000亩，其中乌鳢养殖面积950亩，投入种苗60万斤；鲤鱼、鲫鱼养殖面积50亩，投入种苗7000斤，产值5.6万元。

2000年至今，乌梁素海捕获的鱼类是以小杂鱼、鲫鱼为主的小型鱼类，草鱼、鲤鱼、鲶鱼、鲫鱼等鱼种消失。主要是随着工业、农业的不断发展，排入乌梁素海的污染物不断增加，乌梁素海水质的不断恶化，水体富营养化加剧，加剧了乌梁素海的鱼类向单一化、小型化的发展。

(3)渔业人口结构变化分析

乌梁素海在20世纪80—90年代以渔业、苇业为主，渔场人口不断增加。但是随着乌梁素海水质的不断恶化，水中鱼类由以草鱼、鲤鱼、鲶鱼、鲫鱼为主的鱼类，变为2000年以后以小杂鱼、鲫鱼为主的鱼类，鱼类向单一化和小型化发展，单纯地依靠捕鱼已经不能够成为渔场渔民的主要收入来源。因此，渔场人员在2000年以后呈现出不断减少的现象，一些人离开渔场，另外一些人，在参与完渔场捕鱼工作后，外出打工或者从事其他行业工作，以维持生计。乌梁素海渔场职工变化如图6-4所示。

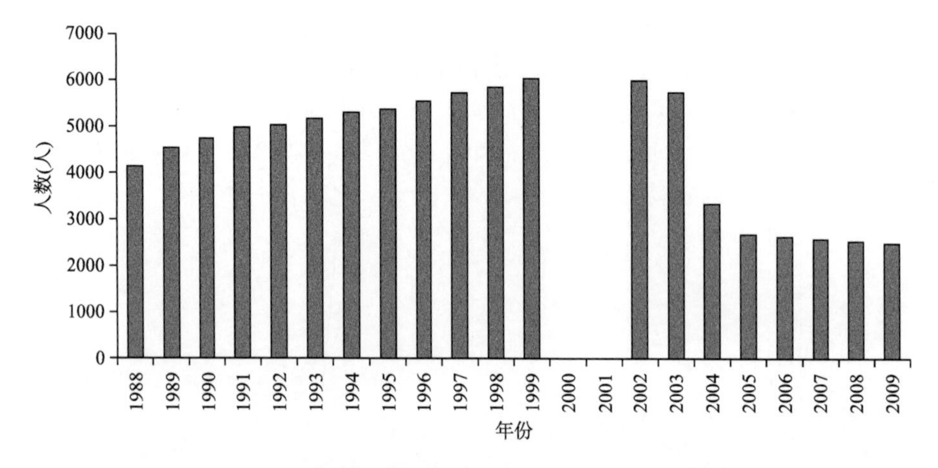


图6-4　乌梁素海渔场职工变化(2000,2001年无数据)

(4)主要存在问题的分析

在近15～20年里，乌梁素海的水质遭到严重破坏，由于从河套地区排入乌梁素海的有机物和营养物质数量非常大，很多污染物指标已经达到Ⅴ类或劣Ⅴ类水质。由于缺氧，冬季鱼类无法越冬，所以这段时间内浮游动物、大型植物和鱼类等生物多样性急剧下降。

近年来乌梁素海水质不断恶化，水体富营养化的加剧，“黄苔”灾害每年发生，乌梁素海鱼类不断向小型化、单一化发展，以前乌梁素海鱼有很好的食用鱼类，但是现在捕捞的小杂鱼和鲫鱼只能当作饵料来出售。

近年来，特别是2003年采取生态相机补水和一系列治理措施，乌梁素海水质和生态环境在向好的方向发展，鱼类种类、产量有所增加。

#### 6.2.2.2　苇业产量及变化分析

(1)苇业历史调查及分析

湖中丰富的营养物质和适合的气候为芦苇的生长提供理想的生长条件。芦苇依靠其强大的根茎、种子侵入湖泊的浅滩地区,其在吸收阳光、摄取营养物等方面具有很大的优势。在乌梁素海人们把芦苇当作谋生的有价资源,由于其强大的繁殖能力和湖中丰富的营养物质供应,使它成为当地的可持续发展资源。

在 20 世纪 40—50 年代,湖区芦苇面积较少,大多数芦苇用来编席子,做鱼篓和捕鱼陷阱。剩下的芦苇被卖到造纸厂,主要是天津。在 1980 年当地出现造纸厂,在 1980 年以后,芦苇急速扩张,现在芦苇已经是湖区的主要收入来源,如图 6-5 所示。

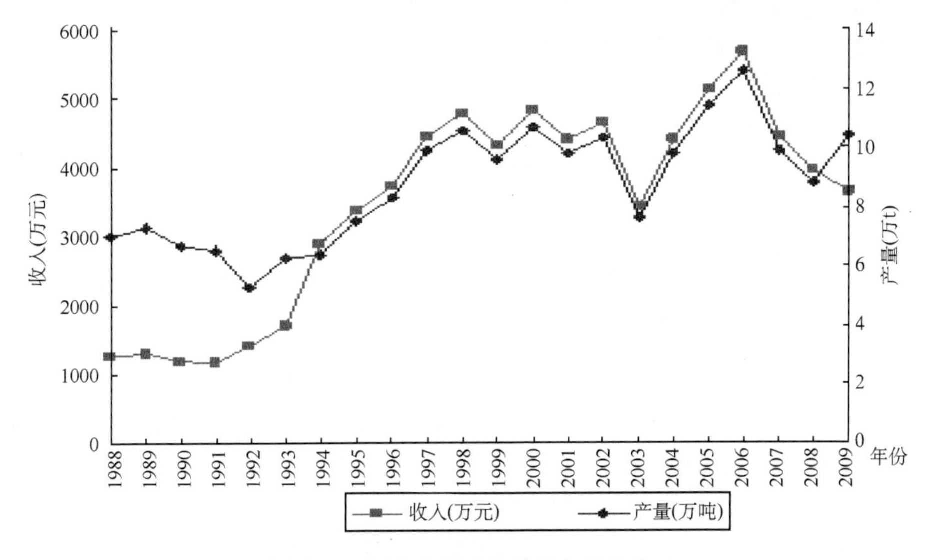


图 6-5　历年乌梁素海芦苇产量变化

芦苇区发展最快的是 1975—1994 年,1986—1994 年,芦苇区的主要发展是向以前的农田而不是湖区明水区域,因此,湖区明水区域在 1986 年以后减少很慢。

乌梁素海演变研究表明,芦苇面积的扩大主要是由人为管理引起的。因为把芦苇卖给造纸厂可以获得很好的经济利益,所以,以前很多农田也用于种植芦苇,这些地区主要在湖区的西面,这些芦苇面积的增加并没有使湖区明水面积减少。

(2)苇业现状

2009 年乌梁素海渔场芦苇产量 10.4 万 t,从近些年乌梁素海芦苇产量可以看出,芦苇产量呈增加趋势,主要是由于芦苇作为渔场的主要收入,由于靠近湖区部分土地盐碱化严重,种植其他作物产量低,经济效益不好,因此,部分农田也改种芦苇。受经济下行的影响，乌拉特前旗和五原县3个造纸企业处于停产、半停产或亏损状态，拖欠乌梁素海渔场近4000万元芦苇款无力偿还。2008年至2009年，乌梁素海收割的近十万吨芦苇因为没有找到合适的货主，积压待售。芦苇的价格也在降低，就是这样也很难销售，鉴于上述情况，渔场自己收购，存放没有销路的芦苇。

(3)主要存在问题的分析

1975年乌梁素海芦苇区的面积是17 $km^2$，芦苇产量是2300万kg(干重)。2001年乌梁素海芦苇区的面积是116 $km^2$，芦苇产量是11500万kg(干重)。换句话说，在26年间，湖泊芦苇的产量增加了5倍，而芦苇区面积增加了近7倍。

芦苇面积的增加造成的后果有三点：①水草蔓延会造成水体里的氧气不足，最终造成鱼类等水生生物死亡；②芦苇大量蔓延会使水流不畅，最终导致水质变坏，水体发臭，这样不仅会使鱼类等死亡，还会致使鸟类死亡；③沉水植物和挺水植物过量生长，腐败变坏落到湖底，不仅会使水体二次污染还会迅速抬高湖底，最终使湖泊消失，变成沼泽。

如果芦苇区域和产量进一步发展，乌梁素海会变成湿地，影响湖泊的生态功能，也影响河套灌区向黄河排水的功能。因为芦苇造纸是当地重要的经济来源，所以要保持好现存的芦苇同时阻止芦苇进一步扩张。这样不但保证了生态功能，也有利于当地经济的可持续发展和利用芦苇资源。

### 6.2.3 鸟类变化分析

乌梁素海地处半荒漠地带，是中国北方西部地区重要的湿地之一。其独特的地理位置、多样的生态系统蕴含了丰富的鸟类资源。鸟类是一种对环境变化非常敏感的生物，其对环境演变趋势具有一定的指示作用。乌梁素海鸟类多样性的变化是反映其栖息地服务功能的重要指标，即鸟类种类数(或其多样性)及其种群数量的变化可以直接反映鸟类栖息地服务功能的变化和实际情况，因此，通过鸟类多样性及其种群数量变化评估乌梁素海鸟类栖息地服务功能，并将其作为乌梁素海生态安全评估的重要指标之一。

#### 6.2.3.1 评估方案

(1)时间：1984年至2010年。

(2)鸟类按生活习性与栖息环境划分为六大生态类群。

①游禽类：包括潜鸟目、鹏鹕目、鹱形目、企鹅目、鹈形目、雁形目、鸥形目等善于游泳的禽类。

②涉禽类：包括鹳形目、鹤形目、鸻形目的鸟类。

③猛禽类：包括隼形目、鸮形目的鸟类。

④鸣禽类：雀形目的鸟类。

⑤攀禽类:鹃形目、夜鹰目、雨燕目、鹦形目、咬鹃目、佛法僧目、鴷形目等鸟类。

⑥其他禽类:鸡形目、鸽形目、鸵形目、几维目、美洲鸵目、鹤鸵目等除上述五类之外的其他目的鸟类。

(3)按居留型将鸟类分为:留鸟、夏候鸟、冬候鸟和旅鸟。

(4)乌梁素海区域环境划分为以下六类区域。

①明水区域:水深超过 40 cm,生长多种水草、浮游植物等大面积、连成片的水域。在此区域活动的鸟类主要有游禽和少量猎食水中动物的猛禽。

②芦苇香蒲区域:芦苇和香蒲以带状或片状大面积分布于湖泊中的区域。在此区域活动的鸟类主要有游禽、涉禽、鸣禽、猛禽和其他禽类。

③浅水沼泽区域:水深不超过 40 cm 的区域,包括湖周围沿岸浅水区域、湖中沙洲,以及湖周水位下降露出湖床,水位上升时又形成浅水沼泽的盐沼区。在此区域活动的鸟类主要有涉禽、鸣禽、猛禽和少量游禽。

④白刺荒漠区域:湖泊周围浅水沼泽区域外部土质沙化,生长白刺丛的区域。在此区域活动的鸟类主要有鸣禽、猛禽和其他禽类。

⑤农田、人工林区域:在此区域活动的鸟类主要有鸣禽、猛禽和其他禽类。

⑥村庄居民点区域:在此区域活动的鸟类主要有伴人禽类。

#### 6.2.3.2 乌梁素海鸟类多样性及种群变化调查

(1)鸟类多样性

1996 年由邢莲莲和杨贵生主编的《内蒙古乌梁素海鸟类志》对乌梁素海湿地的鸟类区系曾有过较全面的描述,记录到鸟类共 181 种和 4 亚种,隶属于 16 目 45 科 103 属;《内蒙古乌梁素海鸟类志》中是自 1984 年至 1996 年十几年乌梁素海鸟类研究成果的集合。1999 年杨贵生、邢莲莲等发表《乌梁素海鸟类新记录》补充了 1996—1998 年发现的 6 种新记录;1999—2000 年记录到 9 种分布新记录,2001—2005 年潘艳秋等又在乌梁素发现了 24 种新记录。至 2005 年在乌梁素海共记录到鸟类 221 种和 4 亚种,隶属 17 目 47 科 116 属。2006—2010 年,邢莲莲等在乌梁素海湿地记录到鸟类新分布记录 20 种。至 2010 年,在乌梁素海记录到的鸟类共有 241 种,隶属于 17 目 49 科。1984—2010 年,增加潜鸟目鸟类 1 种,隼形目鸟类 12 种,鸻形目鸟类 17 种,雁形目鸟类 4 种,鹤形目鸟类 4 种,雨燕目鸟类 1 种,鴷形目鸟类 2 种,鹳形目鸟类 4 种,鸽形目鸟类 2 种,雀形目鸟类 13 种。即游禽增加 5 种,涉禽增加 25 种,猛禽增加 12 种,鸣禽增加 13 种,攀禽增加 3 种,其他禽类增加 2 种。1984—2010 年,留鸟增加了 7 种,夏候鸟增加了 10 种,冬候鸟增加了 5 种,旅鸟增加了 38 种。乌梁素海 1984—2010 年鸟类目科种组成及居留型情况如表 6-5 所示。

**表 6-5　乌梁素海湿地鸟类目科种的组成及居留型**

| 序号 | 目 | 1984—1995 年 | | | | | | | 1996—2005 年 | | | | | | | 2006—2010 年 | | | | | | |
|---|---|---|---|---|---|---|---|---|---|---|---|---|---|---|---|---|---|---|---|---|---|---|
| | | 科 | 种 | % | 留鸟 | 夏候鸟 | 冬候鸟 | 旅鸟 | 科 | 种 | % | 留鸟 | 夏候鸟 | 冬候鸟 | 旅鸟 | 科 | 种 | % | 留鸟 | 夏候鸟 | 冬候鸟 | 旅鸟 |
| 1 | 潜鸟目 | | | | | | | | 1 | 1 | 0.45 | | | | 1 | 1 | 1 | 0.41 | | | | 1 |
| 2 | 鹏鹕目 | 1 | 3 | 1.66 | | 3 | | | 1 | 3 | 1.36 | | 3 | | | 1 | 3 | 1.24 | | 3 | | |
| 3 | 鹈形目 | 2 | 2 | 1.1 | | 1 | | 1 | 2 | 2 | 0.9 | | 1 | | 1 | 2 | 2 | 0.83 | | 1 | | 1 |
| 4 | 鹳形目 | 3 | 10 | 5.52 | | 10 | | | 3 | 10 | 4.52 | | 10 | | | 3 | 14 | 5.81 | | 10 | | 4 |
| 5 | 雁形目 | 1 | 23 | 12.71 | | 8 | | 15 | 1 | 26 | 11.76 | | 8 | | 18 | 1 | 27 | 11.2 | | 8 | | 19 |
| 6 | 隼形目 | 2 | 19 | 10.50 | 4 | 4 | 6 | 5 | 2 | 26 | 11.76 | 6 | 6 | 8 | 6 | 3 | 31 | 12.86 | 6 | 8 | 9 | 8 |
| 7 | 鸡形目 | 1 | 4 | 2.21 | 4 | | | | 1 | 4 | 1.81 | 4 | | | | 1 | 4 | 1.66 | 4 | | | |
| 8 | 鹤形目 | 3 | 5 | 2.76 | | 4 | | 1 | 3 | 7 | 3.17 | | 4 | | 3 | 4 | 9 | 3.73 | | 4 | | 5 |
| 9 | 鸻形目 | 5 | 33 | 18.23 | | 14 | | 19 | 6 | 47 | 21.27 | | 16 | | 31 | 6 | 50 | 20.74 | | 16 | | 34 |
| 10 | 沙鸡目 | 1 | 1 | 0.55 | 1 | | | | 1 | 1 | 0.45 | 1 | | | | 1 | 1 | 0.41 | 1 | | | |
| 11 | 鸽形目 | 1 | 2 | 1.1 | 2 | | | | 1 | 2 | 0.9 | 2 | | | | 1 | 4 | 1.66 | 4 | | | |
| 12 | 鹃形目 | 1 | 2 | 1.1 | | 1 | 1 | | 1 | 2 | 0.9 | | 1 | 1 | | 1 | 2 | 0.83 | | 1 | 1 | |
| 13 | 鸮形目 | 1 | 4 | 2.21 | 3 | | 1 | | 1 | 4 | 1.81 | 3 | | 1 | | 1 | 4 | 1.66 | 3 | | 1 | |
| 14 | 雨燕目 | 1 | 1 | 0.55 | | 1 | | | 1 | 2 | 0.9 | | 2 | | | 1 | 2 | 0.83 | | 2 | | |
| 15 | 佛法僧目 | 1 | 1 | 0.55 | | 1 | | | 1 | 1 | 0.45 | | 1 | | | 1 | 1 | 0.41 | | 1 | | |
| 16 | 戴胜目 | 1 | 1 | 0.55 | | 1 | | | 1 | 1 | 0.45 | | 1 | | | 1 | 1 | 0.41 | | 1 | | |
| 17 | 鴷形目 | 1 | 1 | 0.55 | 1 | | | | 1 | 2 | 0.9 | 2 | | | | 1 | 3 | 1.24 | 3 | | | |
| 18 | 雀形目 | 17 | 69 | 38.12 | 16 | 17 | 9 | 27 | 18 | 80 | 36.2 | 17 | 20 | 11 | 32 | 18 | 82 | 34.02 | 17 | 20 | 11 | 34 |
| 合计 | | 43 | 181 | 99.97 | 31 | 65 | 17 | 68 | 46 | 221 | 99.96 | 35 | 73 | 21 | 92 | 48 | 241 | 99.95 | 38 | 75 | 22 | 106 |

(2)种群数量

1984—1995 年,记录到各种鸟类 400 万～500 万只;

1996—2005 年,记录到各种鸟类约 500 余万只;

2006 年—2010 年 5 月,记录到各种鸟类约 600 余万只。

#### 6.2.3.3 评估方法

(1)多样性指数

$$BS_k = \frac{\sum_{i=1}^{n} BS_{ki}}{n} \tag{6-1}$$

式中,$BS_k$ 为某一生境多样性服务功能状态指数;$BS_{ki}$ 为鸟类种数评分值;$n$ 为鸟类生态类群数量。

多样性评分标准和多样性指数如表 6-6 和表 6-7 所示。

**表 6-6 多样性评分标准**

| 增种数 | 无增加 | 1～2 种 | 3～5 种 | 6～10 种 | >10 种 |
|---|---|---|---|---|---|
| 评分标准 | 1 | 2 | 3 | 4 | 5 |

**表 6-7 多样性指数**

| 区域 \ 标准 \ 禽类 | 游禽 | 涉禽 | 猛禽 | 鸣禽 | 攀禽 | 其他 | $BS_k$ | 评估结果 |
|---|---|---|---|---|---|---|---|---|
| 明水区域 | 3 | 1 | 4 | 1 | 1 | 1 | 1.8 | 不好 |
| 芦苇香蒲区域 | 3 | 5 | 4 | 5 | 1 | 1 | 3.2 | 较好 |
| 浅水沼泽区域 | 2 | 5 | 5 | 5 | 1 | 1 | 3.2 | 较好 |
| 白刺荒漠区域 | 2 | 4 | 5 | 5 | 1 | 2 | 3.2 | 较好 |
| 农田、人工林区域 | 3 | 1 | 5 | 5 | 3 | 2 | 3.2 | 较好 |
| 村庄居民点区域 | 2 | 1 | 5 | 5 | 3 | 2 | 3 | 较好 |

根据 $BS_k$,按下列标准对鸟类不同栖息地服务功能进行评估,如表 6-8 所示。

**表 6-8 鸟类不同栖息地服务功能评估标准**

| $BS_k$ 范围 | $BS_k \geqslant 4$ | $3 \leqslant BS_k < 4$ | $1 \leqslant BS_k < 2$ | $BS_k < 1$ |
|---|---|---|---|---|
| 评价等级 | 好 | 较好 | 不好 | 很不好 |

(2)种群数量指数

$$BS_n = \frac{\sum_{i=1}^{n} BS_{ni}}{n} \tag{6-2}$$

式中，$BS_n$ 为某一生境鸟类种群服务功能状态指数；$BS_{ni}$ 为鸟类种群数量评分值；$n$ 为鸟类生态类群数量。

种群数量评分标准和种群数量指数如表 6-9 和表 6-10 所示。

**表 6-9　种群数量评分标准**

| 增种数 | 少得多 | 明显减少 | 差不多 | 明显增加 | 多得多 |
|---|---|---|---|---|---|
| 评分标准 | 1 | 2 | 3 | 4 | 5 |

**表 6-10　种群数量指数**

| 区域 \ 标准 \ 禽类 | 游禽 | 涉禽 | 猛禽 | 鸣禽 | 攀禽 | 其他 | $BS_n$ | 评估结果 |
|---|---|---|---|---|---|---|---|---|
| 明水区域 | 3 | 3 | 3 | 3 | 3 | 3 | 3 | 较好 |
| 芦苇香蒲区域 | 3 | 3 | 3 | 4 | 3 | 3 | 3.2 | 较好 |
| 浅水沼泽区域 | 3 | 4 | 3 | 3 | 3 | 3 | 3.2 | 较好 |
| 白刺荒漠区域 | 3 | 3 | 3 | 4 | 3 | 3 | 3.2 | 较好 |
| 农田、人工林区域 | 3 | 3 | 3 | 4 | 3 | 3 | 3.2 | 较好 |
| 村庄居民点区域 | 3 | 3 | 3 | 4 | 3 | 3 | 3.2 | 较好 |

根据 $BS_n$，按下列标准对鸟类不同栖息地服务功能进行评估，如表 6-11 所示。

**表 6-11　鸟类不同栖息地服务功能评估标准**

| $BS_n$ 范围 | $BS_n \geqslant 4$ | $3 \leqslant BS_n < 4$ | $2 \leqslant BS_n < 3$ | $1 \leqslant BS_n < 2$ | $BS_n < 1$ |
|---|---|---|---|---|---|
| 评分等级 | 好 | 较好 | 不太好 | 不好 | 很不好 |

(3)居留型指数

$$BS_s = \frac{\sum_{i=1}^{n} BS_{si} \times M}{n} \times 0.05 \tag{6-3}$$

式中，$BS_s$ 为某一生境鸟类居留型服务功能状态指数；$BS_{si}$ 为鸟类居留型评分值；$M$ 为各居留型权重值；$n$ 为鸟类居留型数量。

种群数量评分标准、居留型权重值和居留型指数如表 6-12、表 6-13 和表 6-14 所示。

**表 6-12　种群数量评分标准**

| 增加数 | 无增加 | 1～5 种 | 6～10 种 | 11～15 种 | >15 种 |
|---|---|---|---|---|---|
| 评分标准 | 1 | 2 | 3 | 4 | 5 |

表 6-13 居留型权重值

| 居留型 | 留鸟 | 夏候鸟 | 冬候鸟 | 旅鸟 |
|---|---|---|---|---|
| 权重值 | 50 | 30 | 15 | 5 |

表 6-14 居留型指数

| 区域＼标准＼禽类 | 留鸟 | 夏候鸟 | 冬候鸟 | 旅鸟 | $BS_s$ | 评估结果 |
|---|---|---|---|---|---|---|
| 明水区域 | 1 | 1 | 1 | 3 | 1.4 | 不好 |
| 芦苇香蒲区域 | 2 | 2 | 2 | 3 | 2.6 | 不太好 |
| 浅水沼泽区域 | 1 | 3 | 2 | 5 | 2.4 | 不太好 |
| 白刺荒漠区域 | 2 | 3 | 2 | 3 | 2.9 | 不太好 |
| 农田、人工林区域 | 3 | 3 | 2 | 3 | 3.6 | 较好 |
| 村庄居民点区域 | 2 | 2 | 2 | 3 | 2.6 | 不太好 |

根据 $BS_s$，按下列标准对鸟类不同栖息地服务功能进行评估，如表 6-15 所示。

表 6-15 鸟类不同栖息地服务功能评估标准

| $BS_s$ 范围 | $BS_s \geqslant 4$ | $3 \leqslant BS_s < 4$ | $2 \leqslant BS_s < 3$ | $1 \leqslant BS_s < 2$ | $BS_s < 1$ |
|---|---|---|---|---|---|
| 评分等级 | 好 | 较好 | 不太好 | 不好 | 很不好 |

(4)综合指数

$$BS_i = \frac{BS_n + BS_k + BS_s}{3} \tag{6-4}$$

$$TB_i = \frac{\sum_{i=1}^{n} BS_i Q_i}{n} \tag{6-5}$$

式中，$TB_i$ 为乌梁素海鸟类栖息地服务功能综合指数；$BS_i$ 为第 $i$ 个栖息地服务功能状态指数；$Q_i$ 为第 $i$ 个栖息地服务功能指标权重；$n$ 为栖息地数量。

根据 $TB_i$，按下列标准对鸟类不同栖息地服务功能综合指数进行评估，如表 6-16 所示。

表 6-16 鸟类不同栖息地服务功能综合指数评估标准

| $TB_i$ 范围 | $TB_i > 90$ | $70 < TB_i \leqslant 90$ | $50 < TB_i \leqslant 70$ | $35 < TB_i \leqslant 50$ | $TB_i \leqslant 35$ |
|---|---|---|---|---|---|
| 评分等级 | 好 | 较好 | 不太好 | 不好 | 很不好 |

栖息地权重如表 6-17 所示。

表 6-17 栖息地权重

| | 明水区域 | 芦苇香蒲区域 | 浅水沼泽区域 | 白刺荒漠区域 | 农田、人工林区域 | 村庄居民点区域 |
|---|---|---|---|---|---|---|
| $Q_i$ | 30 | 15 | 25 | 10 | 10 | 10 |
| $BS_i$ | 2.1 | 3.0 | 2.9 | 3.1 | 3.3 | 2.9 |

可计算出 $TB_i=45.25$。

### 6.2.3.4 结论

由上述各评估指标可知：通过鸟类多样性(即种类数量)指标来看，乌梁素海除明水区域的栖息地服务功能不好外，其余区域的栖息地服务功能均为较好；通过鸟类种群数量指标来看，乌梁素海各区域的栖息地服务功能均为较好；通过鸟类居留型指标来看，明水区域的栖息地服务功能为不好，农田、人工林区域的栖息地服务功能为较好，其余区域的栖息地服务功能均为不太好；用多样性、种群数量和居留型指标对乌梁素海鸟类栖息地生态服务功能进行综合评估结果显示，乌梁素海鸟类栖息地生态服务功能为不好。

## 6.3 乌梁素海流域生态系统服务功能损失评估结果

乌梁素海流域生态系统服务功能损失评估服务功能综合指数除 2007 年为 54.66，乌梁素海流域生态系统服务级别为不好之外，2008，2009，2010 年乌梁素海流域生态系统服务均介于 55 至 70 之间，属于不太好的生态系统服务级别，如表 6-18 至表 6-22 所示。

表 6-18 2007 年乌梁素海流域生态系统服务功能损失评估结果

| | 状态指数 | 权重(%) | 指数 |
|---|---|---|---|
| 饮用水源地服务功能 | 1.8 | 36 | 64.8 |
| 水产品供给服务功能 | 5 | 23 | 115 |
| 鱼类栖息地服务功能 | 2.5 | 23 | 57.5 |
| 游泳与休闲娱乐服务功能 | 2 | 18 | 36 |
| 2007 年湖库服务功能综合状态指数 | | | 54.66 |

表 6-19 2008 年乌梁素海流域生态系统服务功能损失评估结果

| | 状态指数 | 权重(%) | 指数 |
|---|---|---|---|
| 饮用水源地服务功能 | 2.2 | 36 | 79.2 |
| 水产品供给服务功能 | 5 | 23 | 115 |

续表

| | 状态指数 | 权重(%) | 指数 |
|---|---|---|---|
| 鱼类栖息地服务功能 | 2.5 | 23 | 57.5 |
| 游泳与休闲娱乐服务功能 | 2 | 18 | 36 |
| 2008 年湖库服务功能综合状态指数 | | | 57.54 |

**表 6-20　2009 年乌梁素海流域生态系统服务功能损失评估结果**

| | 状态指数 | 权重(%) | 指数 |
|---|---|---|---|
| 饮用水源地服务功能 | 2.2 | 36 | 79.2 |
| 水产品供给服务功能 | 5 | 23 | 115 |
| 鱼类栖息地服务功能 | 2.5 | 23 | 57.5 |
| 游泳与休闲娱乐服务功能 | 2.5 | 16 | 40 |
| 2009 年湖库服务功能综合状态指数 | | | 58.34 |

**表 6-21　2010 年乌梁素海流域生态系统服务功能损失评估结果**

| | 状态指数 | 权重(%) | 指数 |
|---|---|---|---|
| 饮用水源地服务功能 | 1.4 | 36 | 50.4 |
| 水产品供给服务功能 | 5 | 23 | 115 |
| 鱼类栖息地服务功能 | 2.5 | 23 | 57.5 |
| 游泳与休闲娱乐服务功能 | 2.5 | 18 | 45 |
| 2010 年湖库服务功能综合状态指数 | | | 66.975 |

**表 6-22　湖库服务功能总体评估标准**

| $TLES_{indx}$ | 级别 |
|---|---|
| $TLES_{indx} \geqslant 90$ | 很好 |
| $70 \leqslant TLES_{indx} < 90$ | 好 |
| $55 \leqslant TLES_{indx} < 70$ | 不太好 |
| $40 \leqslant TLES_{indx} < 55$ | 不好 |
| $TLES_{indx} < 40$ | 很不好 |

# 7 乌梁素海流域社会经济影响评估

乌梁素海拥有不可替代的资源,是当地经济社会发展的物质基础。由于乌梁素海资源具有自然、经济、社会、生态、环境等多种属性,乌梁素海资源的开发利用必然是多目标的,这就决定了乌梁素海对社会经济的影响也不是唯一的。在人与自然和谐相处的理念下,乌梁素海资源的开发利用被提升到一个新的高度,也因此得到前所未有的重视。研究乌梁素海社会经济影响评价指标体系及其评价方法,对乌梁素海影响力进行定量评价,可以全面、深入地反映乌梁素海现状以及它同社会、经济、环境系统的协调状况,这对于乌梁素海可持续利用战略的实施具有重要的理论和实践价值。

## 7.1 乌梁素海流域社会经济影响评估指标体系

采用模糊综合评估的方法,从社会经济活动影响的角度,围绕流域点源和面源污染对湖泊(库)生态安全的影响,通过构建人类社会经济活动影响评估指标体系和模型方法,采用多级模糊综合评估的方法来评估乌梁素海流域内人类社会经济活动对湖泊(库)的影响状况,对湖泊(库)进行客观而科学的生态综合评估,为湖泊(库)流域环境管理和决策提供更为科学的依据。

首先要根据评估工作的基本要求,确定评估的等级和相应的划分标准,也就是人类社会经济活动对湖泊(库)影响的不同程度,通过分析、调查和计算,确定每个评估指标的特征值,将特征值和评估标准对比,进行单要素评估。单要素评估仅仅反映了生态系统某一方面的状况,要了解整个区域生态系统的状况,还需要进行综合评估,即采用多级模糊评估的方法。在生态综合评估涉及两个重要问题,对于第一个问题,常常通过层次分析法加以解决;对于第二个问题,多级综合评估是比较理想的方法。

此外,考虑到流域社会经济活动对湖泊(库)影响评估涉及的评估指标较多,为了能够体现某些关键评估指标的综合影响,需要通过将若干关键评估指标进行聚合,简化成几个分析法和多级模糊综合评估的基本原理。

### 7.1.1 评价指标体系

依据生态安全的内在机理,根据流域自然、社会和经济特征,建立具有四层结构的评估指标体系。整个指标体系包括社会经济压力指标、水体污染负荷指标、水体环境状态指标三个部分，评估指标体系结构如图 7-1 所示。

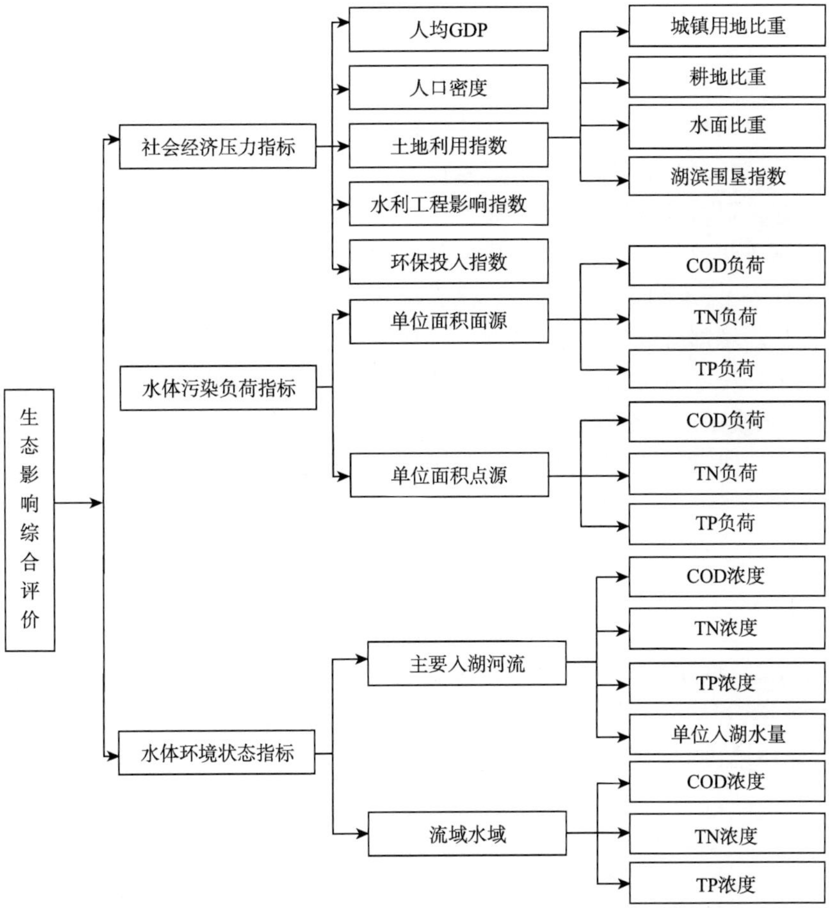

- 生态影响综合评价
  - 社会经济压力指标
    - 人均GDP
    - 人口密度
    - 土地利用指数
      - 城镇用地比重
      - 耕地比重
      - 水面比重
      - 湖滨围垦指数
    - 水利工程影响指数
    - 环保投入指数
  - 水体污染负荷指标
    - 单位面积面源
      - COD负荷
      - TN负荷
      - TP负荷
    - 单位面积点源
      - COD负荷
      - TN负荷
      - TP负荷
  - 水体环境状态指标
    - 主要入湖河流
      - COD浓度
      - TN浓度
      - TP浓度
      - 单位入湖水量
    - 流域水域
      - COD浓度
      - TN浓度
      - TP浓度

图 7-1 流域社会经济活动对乌梁素海生态影响评估指标体系结构图

## 7.1.2 评价指标说明和测算方法

### 7.1.2.1 社会经济压力指标

(1)人均 GDP(单位:元/人)

指标说明:评估单元内，人均创造的地区生产总值。

测算方法:评估单元内 GDP 总量/评估单元内总人口。

选择理由:人均 GDP 是衡量社会经济发展水平和压力最通用的指标，不同的人均 GDP 水平，既能反映社会经济的发展状况，也在一定程度上间接反映了社会经济活动对环境的压力。

(2)人口密度(单位:人/km²)

指标说明:评估单元内单位土地面积上的人口数据。

测算方法:评估单元总人口/评估单元面积。

选择理由:人口密度是社会经济对环境影响的重要因素,人口密度的大小影响资源配置和环境容量富余与否,是生态环境评估的一个重要因子。

(3)水利工程影响指数(单位:%)

指标说明:评估单元水利投资总额占 GDP 的比重。

测算方法:评估单元内年水利投资总额/评估单元年内 GDP×100%。

选择理由:水利工程不仅对工程所在地、上下游、河口乃至全流域的自然环境和社会环境都会产生一定的影响,而且反映水利工程指数的湖库换水周期能够影响水环境容量、湖滨生态系统、水体自净能力及湖滨面源污染的截留能力。

(4)城镇用地比重(单位:%)

指标说明:评估单元内城镇用地(包括交通及工矿用地)面积占土地总面积的比重。

测算方法:评估单元内城镇用地面积(包括交通及工矿用地)/评估单元面积×100%。

选择理由:城镇用地是各种土地利用类型中,受人类活动影响最大的一种土地利用类型,城镇用地的比重,直接反映了人类活动对流域生态系统的影响程度。

(5)耕地比重(单位:%)

指标说明:评估单元内耕地(包括水田、旱地和坡地)面积占土地总面积的比重。

测算方法:评估单元内耕地(包括水田、旱地和坡地)/评估单元总面积×100%。

选择理由:耕地是各种土地利用类型中,受人类活动影响较大的一种土地利用类型,耕地的比重,能够反映人类活动对流域生态系统的影响程度;同时,不同的耕地类型和利用方式,对流域水体环境也会造成一定影响。

(6)水面比重(单位:%)

指标说明:评估单元水面积占土地总面积的比重。

测算方法:评估单元水面面积/评估单元总面积×100%。

选择理由:水体在流域生态系统中承担重要功能,尤其是大型湖(库)上游的各种小型水体,在流域生态系统中,承担了前置库的重要功能,能够拦截、消纳各种面源污染物,对大型湖(库)的生态安全维护具有重要意义。

(7)湖滨围垦指数(单位:%)

指标说明:评估单元围垦面积占水面面积的比重。

测算方法:评估单元围垦面积/评估单元水面面积×100%。

选择理由：围湖造田改变湖区的生态环境，加速泥沙淤积，破坏水生生物的繁殖栖息场所，造成生物资源量的下降，种群结构变化，水生生态平衡失调；并使湖库本身防洪负担加重，调节气候功能减弱，引起生态环境退化。

(8)环保投入指数(单位：%)

指标说明：评估单元环境保护投资占地区生产总值的比重。

推算方法：评估单元环境保护投资/评估单元地区生产总值×100%。

选择理由：根据发达国家的经验，一个国家在经济高速增长时期，要有效地控制污染，环保投入要在一定时间内持续稳定地占到国民生产总值的1.5%，只有环保投入达到一定比例，才能在经济快速发展的同时保持良好稳定的环境质量。

#### 7.1.2.2 水体污染负荷指标

水体污染负荷指标包括：单位面积面源COD负荷、单位面积面源TN负荷、单位面积面源TP负荷、单位面积点源COD负荷、单位面积点源TN负荷、单位面积点源TP负荷。

#### 7.1.2.3 水体环境状态指标

水体环境状态指标包括：主要入湖河流COD浓度、主要入湖河流TN浓度、主要入湖河流TP浓度、单位入湖水量、流域水域COD浓度、流域水域TN浓度、流域水域TP浓度。

### 7.1.3 评价标准

在开展流域社会经济对湖库影响评估的研究过程中，需要制定评估标准，根据相应的标准，确定某一评估单元特定的指标属于哪一个等级。在指标标准确定的过程中，主要：①参考已有的国家标准、国际标准或经过研究已经确定标准，尽量沿用其标准值；②参考国内外具有良好特色的流域现状值作为分级标准；③依据现有的湖泊(库)与流域社会、经济协调发展的理论，定量化指标作为分级标准；④对于那些目前研究较少，但对其环境影响评估较为重要的指标，在缺乏有关指标统计数据时，暂时根据经验数据进行分级标准。

## 7.2 乌梁素海流域社会经济影响评估模型与评价方法

### 7.2.1 评价总体技术思路

根据评估指标和标准体系，先建立模糊综合评估矩阵。其中单个因素对于各等级的隶属程度是用隶属度来刻画的，隶属度通过建立隶属函数来确定。用隶属度描述隶属资格时，隶属度数值愈大，隶属资格愈高。一般来讲，模糊事物的特性不同，隶属函数的类型也不同。然后，按照根据各指标因子的隶属度函数，得出模糊综合评估矩阵，结合各指标所占的权重，进行综合评判，计算出上一级的模糊综合评估矩阵和模糊综合评估结果。以此类推，最后得出流域模糊综合评估指数，根据综合指数计算最终得分和等级归类。

### 7.2.2 评估模型

根据评估标准，可以直接判断每个单要素的影响状况，而要确定整个流域在驱动、压力、状态、影响和响应各个方面的状况，则需要通过综合评估模型对每个评估指标的评估结果进行聚合。这是一个典型的模糊模式识别问题，因此，此处基于模糊识别模式建立评估模型，就流域人类活动对湖泊(库)影响进行综合评估。

由于流域生态系统是一个多层次的复合生态系统，为此，建立基于多层次系统模糊综合评估模型和评估方法。整个评估模型包括两个基本组成部分。

(1)分指数评估：在对驱动、压力、状态、影响和响应五个方面的不同生态要素进行单要素评估的基础上，通过综合各单要素的评估结果，得到分指数评估的模糊矩阵，根据模糊矩阵和各要素权重进行分指数评估。

(2)流域综合评估：综合各分指数的综合评估结果得到整个区域的模糊评估矩阵，根据模糊矩阵和各分指数权重进行流域人类社会经济活动影响综合评估。评估模型的总体结构如图 7-2 所示。

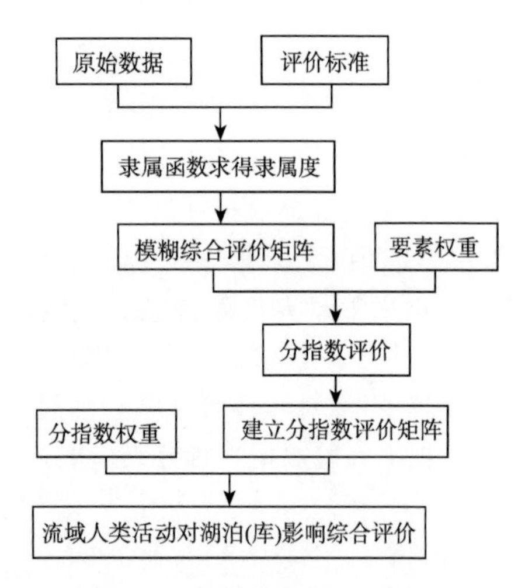


图 7-2 评估模型的总体结构框架

### 7.2.3 关键评估指数的计算

关键评估指数由若干评估指标聚合而成，相对于单个的评估指标，关键评估指数具有一定的综合性，能够综合反映某一方面人类活动的影响。综合分析流域社会经济活动对湖泊（库）的影响，土地利用的变化、污染排放一级入湖河流的水质状况是其中最重要的几个方面。其中污染排放又可以进一步分为点源和面源两大类，拟建立土地利用指数、面源污染负荷指数、点源污染负荷指数、环湖河流环境指数、流域河流环境指数、社会经济压力指数、水体污染负荷指数、水体环境状态指数等关键评估分指数和一个流域综合压力指数。

## 7.3　乌梁素海流域社会经济影响评估结果

乌梁素海社会经济压力指数为 45.89，属于社会压力较大，接近生态水体阈值；水体污染负荷指数为 95.9；水体环境状态指数为 41.3，属于生态系统敏感性强，存在生态异常，如表 7-1 和表 7-2 所示。

**表 7-1　乌梁素海流域社会经济生态安全评估结果**

| 2009 年 | 社会经济压力指数 | 水体污染负荷指数 | 水体环境状态指数 |
| --- | --- | --- | --- |
| 类别得分 | 45.89 | 95.9 | 41.3 |
| 级别 | 三级（趋近于四级） | 一级 | 三级（趋近于四级） |
| 综合得分 | 64.06　　二级（趋近于三级） | | |

**表 7-2　社会经济活动对乌梁素海流域影响等级说明**

| 等级 | 表征状态 | 指标特征 | 赋分 |
| --- | --- | --- | --- |
| 一级 | 轻微 | 社会经济压力很好，对湖泊（库）生态系统影响轻微，生态系统无明显异常改变出现，湖泊（库）水质处于Ⅱ～Ⅲ类水质状态 | 80～100 |
| 二级 | 较轻 | 存在一定的社会经济压力，但对湖泊（库）生态系统影响较轻，湖泊（库）生态结构尚合理，系统结构尚稳定，湖泊（库）水质处于Ⅲ类水质状态 | 60～80 |
| 三级 | 一般 | 社会经济压力较大，接近生态阈值，系统尚稳定，但敏感性强，已有少量的生态异常出现，湖泊（库）水质处于Ⅲ～Ⅳ类水质状态 | 40～60 |
| 四级 | 较重 | 社会经济压力大，生态结构出现缺陷，系统活力较低，生态异常较多，生态功能已经不能满足维持生态系统的需要，湖泊（库）水质处于Ⅳ～Ⅴ类水质状态 | 20～40 |
| 五级 | 严重 | 社会经济压力很大，生态异常大面积出现，生态系统已经受到严重破坏，系统结构不合理、残缺不全、功能丧失，湖泊（库）水质处于Ⅴ～劣Ⅴ类水质状态 | 0～20 |

# 8 乌梁素海生态灾变及其损失评估

灾变的损失包括经济损失和非经济损失，其中经济损失又可以分为直接经济损失和间接经济损失。直接经济损失表现为实物、财产、资源等损失，属于相对比较容易确定评估的损失。因此，目前对不同灾变直接经济损失的评估程序和方法基本一致，大致可划分为确定评估对象的类型、估计评估对象的实物损失量、估计各类评估对象的单位价值或价格、计算各类评估对象的直接经济损失、计算总体经济损失等步骤。间接经济损失没有直接经济损失那样明确，因而其评估方法需要根据具体的损失对象加以确定，因此，还难以制定出统一的方法和规范。

## 8.1 乌梁素海灾变及其损失评估的工作内容

湖泊生态灾变是指由于湖泊富营养化或其他人为活动引起湖泊水体生态系统结构和功能发生巨大变化，并因水质恶化而威胁人民生活和人体健康的与生态安全有关的灾害。湖泊中的灾变信息既是湖泊治理过程中决策的基础依据，也是评价湖泊治理工作是否取得成效的重要反应。在统一的规范调查获得湖泊灾变的标准信息的基础上，建立湖泊的生态灾变评估体系，具体内容包括以下几部分。

(1)灾变指标的选择

以乌梁素海“黄苔”暴发为主，开展重点湖库生态灾变调查与评估。采用收集历史数据、现场调查与室内模拟相结合的方法开展生态灾变评估。在已有研究成果与水生态现场调查资料的基础上，结合实验模拟结果，确定各乌梁素海“黄苔”暴发的主要影响因子，建立水华灾变评估指标体系、评估标准与灾害分级和评估模型。

生态灾变的评估指标按照重要性分为3个层次：关键性指标、重要指标和一般指标。总结其他湖泊的蓝藻水华生态灾害评估，并结合乌梁素海自身的特点，得到乌梁素海生态灾变评估的关键性指标为叶绿素a浓度，重要指标为发生范围占评价区面积、受影响人口、水质等级，一般指标为发生频率、直接经济损失、鱼类死亡状况、水生高等植物死亡率、救灾投入资金。

(2)灾变评估单元的划定

乌梁素海灾变的评估首先需要按湖泊或湖区的功能对所评估的湖泊或湖区进行分类,并在湖泊功能分区的基础上进行评估。空间边界和评估范围的确定遵循以下原则:选择与评估目的相辅的区域;以污染途径和受影响途径线索划分边界;确定目标人口,以目标人口所在范围为评估范围;以敏感区域和受体为标准分评估范围;划分生态敏感区,生态敏感区指生态系统的物种、种群、群落、生境及生态食物链等易受破坏的区域;防治修复必须从正面和负面影响两方面考虑。鉴于此,将乌梁素海的水体单元分为休闲娱乐等开发利用区、一般水源地。

(3)生态灾变评价和灾变等级评定

根据灾变获取的数据,对照生态灾变指标体系的分级,分别对各指标进行打分。计算水华生态灾变综合评价结果,对应综合评级标准确定该次水华生态灾变的等级。

## 8.2 乌梁素海灾变及其损失评估的评估步骤

生态灾变的评估步骤分为 4 步:

(1)进行资料的分析与归一化处理;

(2)指标体系打分;

(3)指标权重计算和综合评分;

(4)确定灾变等级。

## 8.3 乌梁素海灾变及其损失评估的技术路线

采用资料收集、现场调查和室内模拟结合的方法,建立乌梁素海生态灾变评估方法、指标体系和分级标准;开展乌梁素海水华灾变评估,对于不同功能水体进行灾变风险评估、灾变损失评估和灾变环境评估。具体技术路线如图 8-1 所示。

## 8.4 乌梁素海灾变及其损失评估的评估结果

由于乌梁素海自 2007 年暴发“黄苔”事件,各界人士对乌梁素海表现了极大的关注,开始监测“黄苔”暴发的相关数据。2008 年以来,当地政府针对乌梁素海的“黄苔”暴发采取了定期向“黄苔”重点区域撒药品、出动渔船打捞、关闭一些重污染企业等措施,使乌梁素海水质得到一定改善。经过灾害评估得知,2007—2009 年的灾害评估值在 1.2～1.9 之间,属于轻灾级别,如表 8-1 和表 8-2 所示。

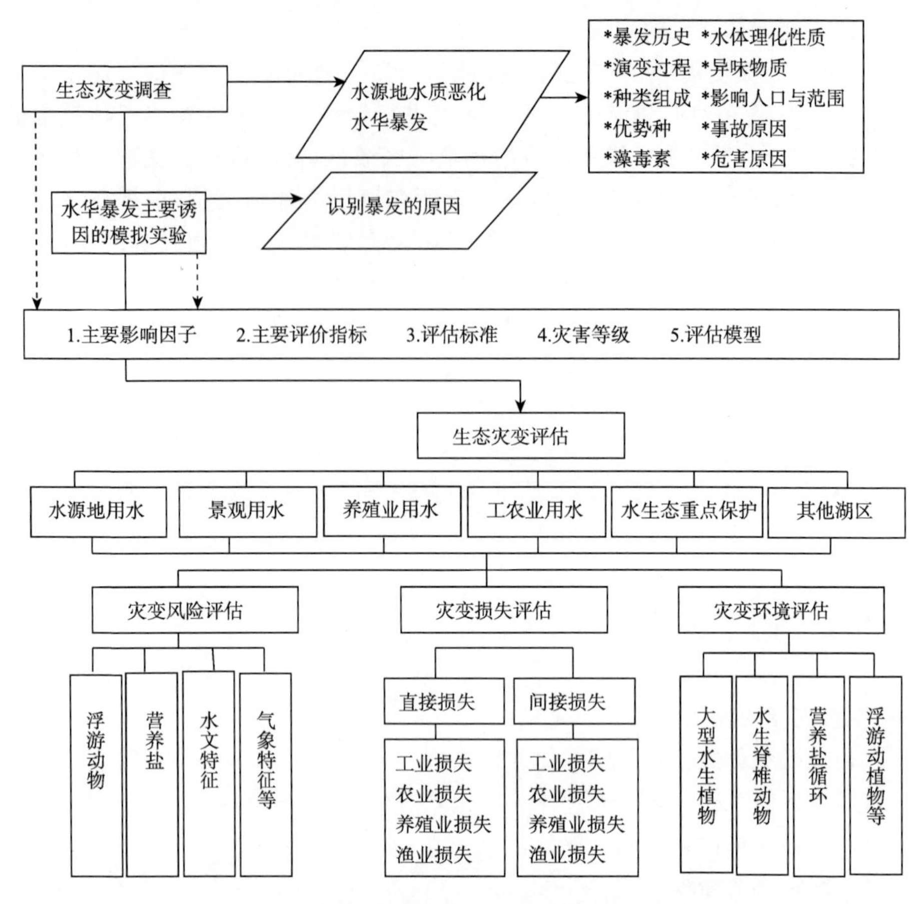


图 8-1 乌梁素海水华灾变调查与评估技术路线图

**表 8-1 "黄苔"生态灾害综合评级**

| 灾害级别 | 极重 | 重灾 | 中灾 | 轻灾 | 无灾 |
|---|---|---|---|---|---|
| 分值 | 4.5～5.0 | 3.0～4.0 | 2.0～3.0 | 1.0～2.0 | ＜1.0 |

**表 8-2 乌梁素海的灾变评估结果**

| 年份 | 评估值 | 灾级 |
|---|---|---|
| 2007 | 1.86 | 轻灾 |
| 2008 | 1.8 | 轻灾 |
| 2009 | 1.2 | 轻灾 |

# 9 乌梁素海生态安全综合评估

生态安全评价方法在相关领域、学科的研究成果的基础上，已经由最初简单定性的描述发展成为现今定量的准确判断，采用各种抽象的模型来评价具体、复杂的区域生态安全。生态安全评价模型一般可分为非空间模型和空间模型。非空间模型包括数学模型法和生态模型法。其中数学模型法有综合指数法、层次分析法、物元评判、灰色关联度、主成分投影法、模糊综合法、BP人工神经网络法；生态模型法包括生态足迹法。空间模型分为景观生态模型和数字地面模型。对于景观生态模型，它包括景观空间邻接度法和景观生态安全格局法；而数字地面模型有数字生态安全法。

## 9.1 乌梁素海生态安全综合评估工作思路与技术路线

本次生态安全调查与监测是乌梁素海流域一次大规模的全面摸底工作，对今后生态安全评估和其他相关项目具有重要的支撑价值。因此，调查将结合乌梁素海流域的实际情况，以乌梁素海为中心，重点关注汇入乌梁素海的典型河流流域，参考《全国重点湖泊水库生态安全调查技术规范》，开展乌梁素海流域水质水生态调查与监测（状态），乌梁素海流域社会经济影响调查（驱动力、压力），乌梁素海生态服务功能调查（影响），乌梁素海水华调查（灾变风险）4 大类。最终形成对应于 DPSIR 的调查与监测方案，为后续的生态安全评估和综合治理方案提供基础资料和科学依据。相应的技术路线如图 9-1 所示。

乌梁素海生态安全评估从湖库流域的社会经济影响评估、水生态健康评估、水生态系统服务评估、生态灾变风险评估 4 个要素入手，开展乌梁素海生态安全综合评估。同时，系统性研究相互作用机制，判断乌梁素海生态安全水平与趋势，并甄别关键的生态安全隐患。

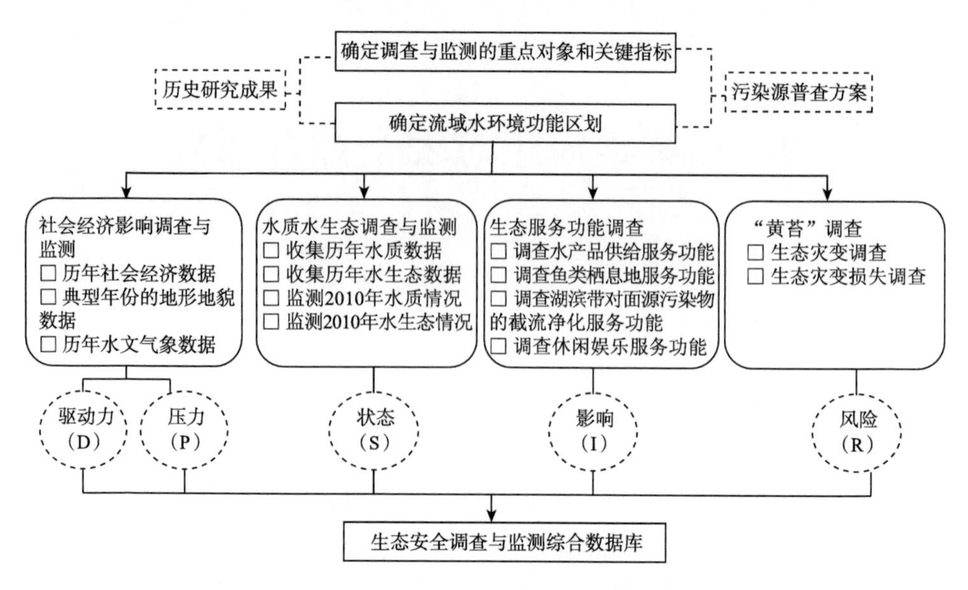


图 9-1　乌梁素海生态安全调查与监测技术路线

## 9.2　乌梁素海生态安全综合评估方法

对应上述 4 个要素，建立基于 DPSIR 模型的乌梁素海生态安全评估指标体系和评估方法，如图 9-2 和图 9-3 所示。

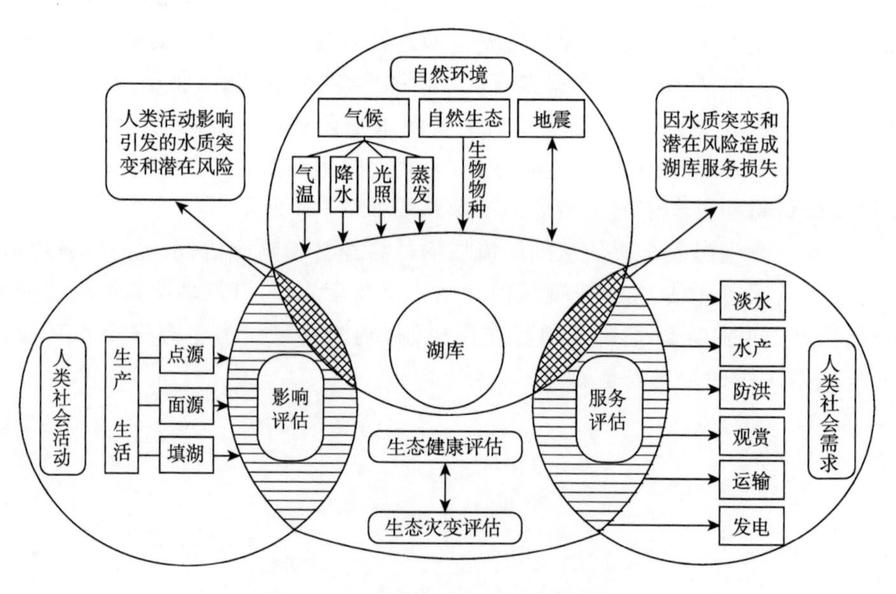


图 9-2　乌梁素海生态安全评估框架

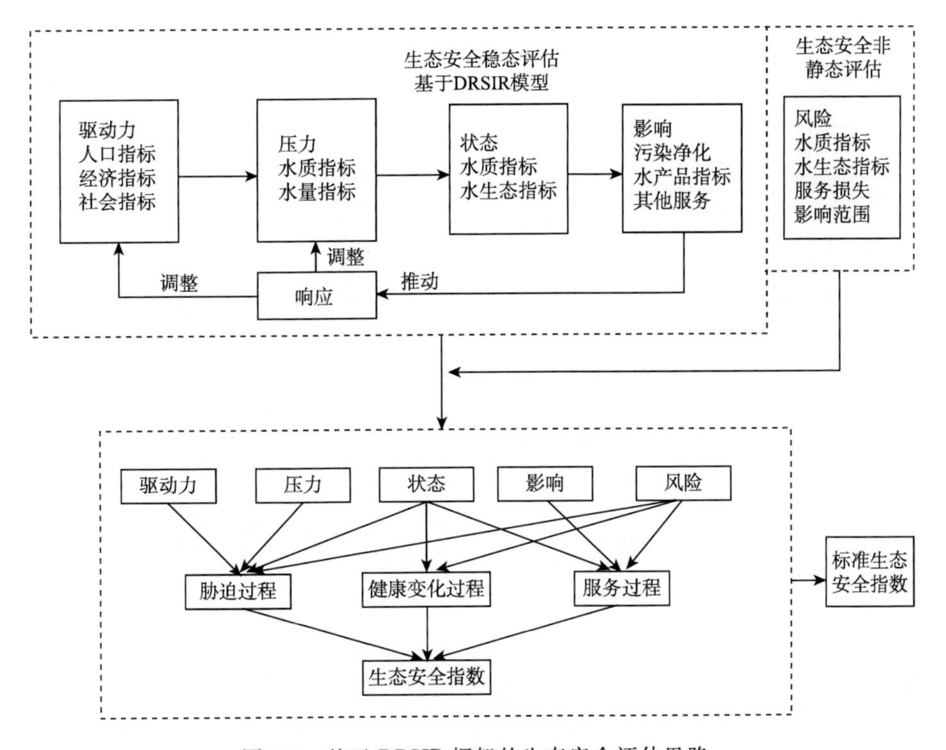


图 9-3 基于 DPSIR 框架的生态安全评估思路

具体内容包括:将基于乌梁素海流域多年历史数据,开展驱动力、压力、状态、影响和风险 5 个方面的定量评估,计算乌梁素海生态安全指数、演变趋势、安全分级,甄别关键因素和识别乌梁素海生态安全问题的根源所在,以此从战略高度提出相应的生态调控方案,为乌梁素海流域综合治理提供科学依据。

## 9.3 乌梁素海生态安全综合评估技术路线

本节将在上述 5 项评估的基础上,进行指标的优选,构建完备的指标体系,评估将对乌梁素海整体和各功能分区计算生态安全指数(ESI),评估湖库生态安全。计算标准生态安全指数(SESI),建立不同湖库的横向对比。技术路线如图 9-4 所示。

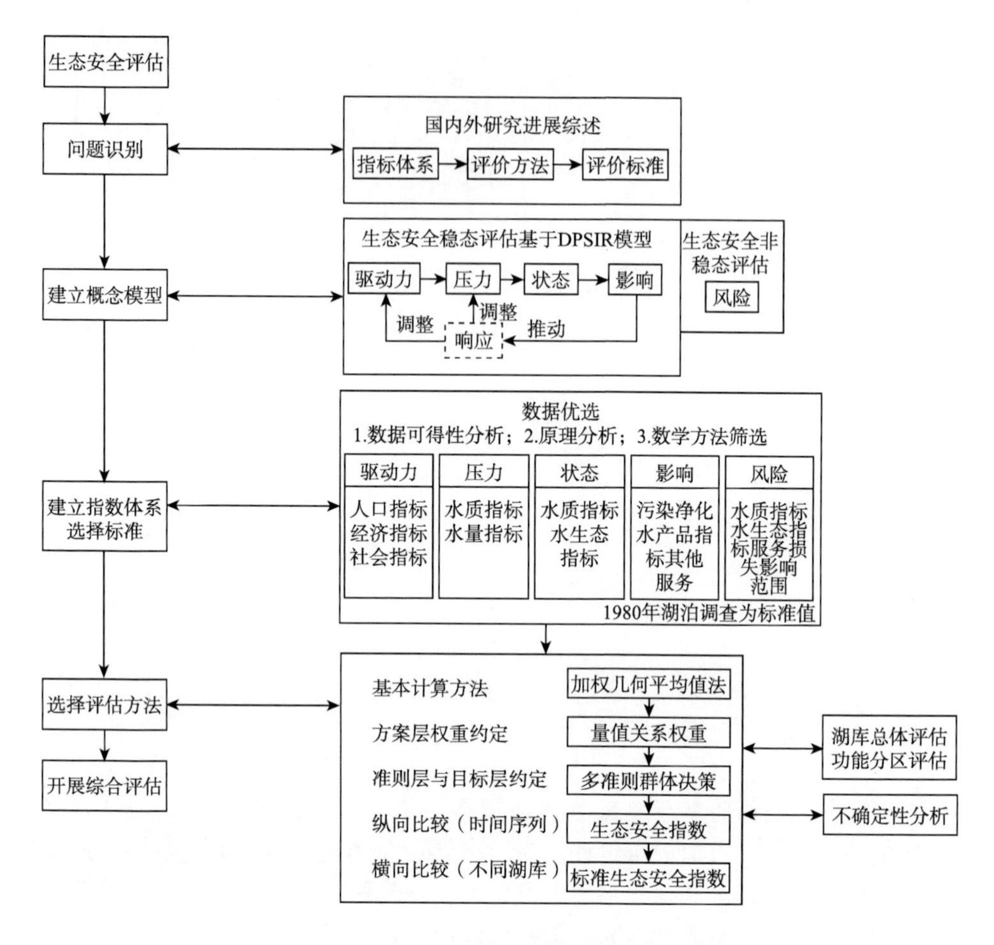


图 9-4　乌梁素海生态安全综合评估技术路线

## 9.4　乌梁素海生态安全监控与预警方案

在生态安全综合评估、识别生态安全的关键指标的基础上，通过地理信息系统（GIS）手段，建立乌梁素海生态安全监测的立体网络体系，将湖库立体监测系统的属性数据与空间数据库有机结合，并通过计算机软件集成和远程通信等数据传输、处理技术，建立可视化生态安全监控信息系统；对采集的数据进行综合分析，识别生态安全的关键因子的响应机制，确定生态安全监控的关键指标及其阈值，构建乌梁素海生态安全预警模型，并通过计算机集成软件进行结果可视化表征及传播；制订乌梁素海“黄苔”预警应急处置及突发性水环境事件应对预案，建立应急处理机构、应急协调机制、应急处理方法等。具体内容如下：

(1)乌梁素海生态安全监控系统

针对乌梁素海水环境信息分属不同行政区及不同管理部门，难以统一协调使用的现实问题，在乌梁素海湖泊现有水环境监测网络的基础上，通过调查研究现有监测技术和网点构架与数字化湖泊环境管理要求间的差距，对乌梁素海水体设计基于 GIS 和数据库技术管理下的综合性生态安全监测监控网络，对乌梁素海全流域的污染负荷、水环境、水生态、气象、水文、水动力等相关指标进行全面监测，集成在线自动监测、流动监测和人工分析等多方面监测手段，结合在线视频和遥感等影像技术，采用有线、无线和卫星技术等构架的数据传输网络，形成乌梁素海水体综合的多方位的生态安全监测监控体系。

(2)乌梁素海生态安全预警综合决策系统

建立乌梁素海生态安全的数据处理分析及预警中心站，实时接收并处理监控系统传输来的各项数据，并建立数据库、专家库、案例库等；构建乌梁素海生态安全预警的综合模型，研究关键因子与乌梁素海生态安全状态之间的响应机制及其阈值，并通过计算机集成，实时分析监测数据所反映的乌梁素海生态安全状态，并通过可视化的方式对结果进行表征；建立计算机综合决策系统，若监控数据超过阈值则快速发布预警信息，并直观地表达事发地及受影响水体的地理位置和空间变化情况，对污染事故进行模拟，预测突发事件的发展趋势及空间分布，并将事故模拟的数值文件结果转换为直观的图形影像信息，便于对事故进行分析和评价，并采取快速有效的应对措施。

(3)乌梁素海生态安全预警方案及应急预案

制订详细、科学、可行的乌梁素海生态安全事故应急预案，以便在发生生态安全事故后进行快速、妥善处理，尽快控制事态发展，指导应急人员开展工作和缩小事故后果。建立应急组织机构，明确指挥部、指挥办公室、工作组等机构的工作职责，建立环保、水利、交通、通信等各部门之间的快速联动机制，确保生态安全事件发生后各部门能进行快速处理；制订突发性生态安全事件预防与应急系统、现场反应处理系统、应急处理指挥控制系统、安全供水应急方案等，同时注意协调现有的应急方案；制订乌梁素海生态安全重大事故的事后处理、处置、评估和补偿机制，对事故责任进行追究、对事故后果进行评估、补偿等，并制订信息定期发布机制，保障公众的知情权，维护社会稳定。

综上所述，技术路线如图 9-5 所示。

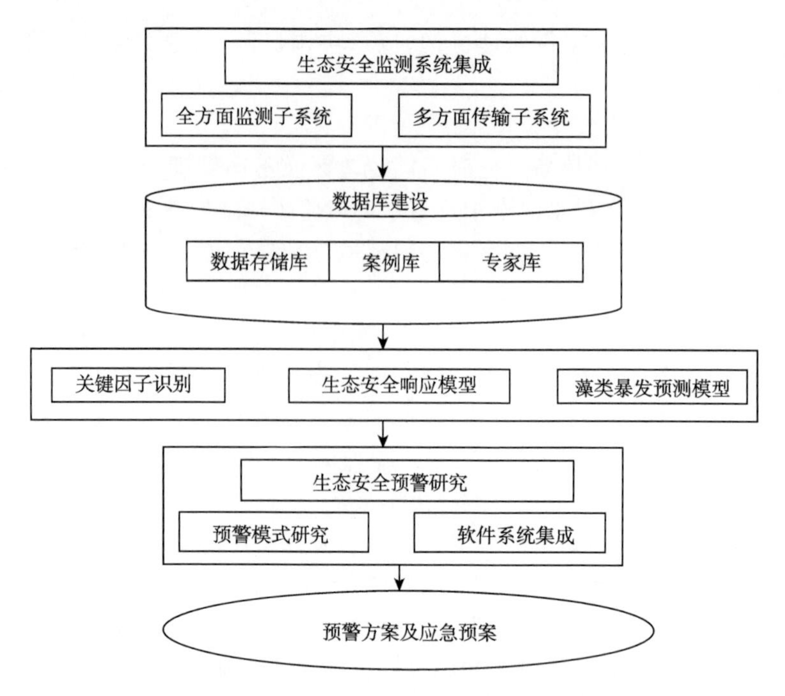


图 9-5 乌梁素海生态安全监控与预警方案的技术路线

## 9.5 乌梁素海流域生态安全综合治理方案与关键技术

本节革新以往流域水污染防治及治理理念，制订乌梁素海流域生态安全综合治理方案与关键技术。主要思路即以全流域和子流域分别为管理对象和管理单元，依据流域环境承载力和水生态系统健康水平确定水质管理目标，根据污染物在子流域中的传输规律和路径，建立起一套系统的、立体的和多层次的实行“源头—途径—末端—汇”以及“山地→河道→湖泊”相结合的4级综合治理方案体系。对应上述生态安全“DPSIR”结构，本节将主要内容归纳为：控源、减排、治污、生态修复及系统管理。

(1)控源：基于生态安全的乌梁素海污染源控制方案

控源是乌梁素海流域水污染控制与富营养化治理的根本途径，不仅能从源头“驱动力”(流域产业结构与布局和流域土地利用方式)控制，而且降低总体方案的投资水平，也为“减排—治污”等末端治理减轻负担。

流域产业结构与布局优化方案旨在提高地方经济社会发展水平的同时减少点源污染产生量。重点分析工业、农业和第三产业的水污染负荷贡献量及其空间分布。构建在水质和流域水生态承载力约束下的流域产业结构调整、区域循环经济、企业清洁生产的过程控制技术体系，建立流域产业结构与布局优化模型,形成示范区的产业结构与布局最优调整方案。流域土地利用优化配置方案着重研究土地利用方式对非点源的影响,在当地社会经济发展规划和土地利用规划的基础上,以非点源入湖负荷影响最小化为目标,提出环境导向式流域土地利用优化配置技术及区域最优调整方案。

(2)减排:基于生态安全的乌梁素海污染减排方案

系统分析城市水资源结构、降雨径流系统、城市污水与排水系统、城郊污染源,重点提出城市源污染控制和资源化及河道截污模式,提出企业清洁生产模式和区域循环经济实施方案。此外,加强乌梁素海流域不同尺度的总量控制和削减方案,最大限度地减少入湖负荷,降低"压力"对乌梁素海生态安全水平的影响。

(3)治污:基于生态安全的乌梁素海水华控制与内负荷削减方案

针对乌梁素海"黄苔"周年性发生、生物量集聚、微囊藻毒素高、异臭异味物质致使水体供水与其他水体功能下降的问题,开展水华暴发的生态阈值研究,从"黄苔"污染治理、"黄苔"安全处置、水华暴发应急控制及去除与资源化等方面提出适宜的方案,筛选适宜的"黄苔"控制技术并优选形成相应的集成技术。此外,针对"黄苔"短时间高度集聚的"突变"事件,构建集"疏导、隔离、水利调度"为一体的应急控制方案。针对乌梁素海内源污染,在现场调查和实验模拟的基础上,确定乌梁素海内负荷消长规律,并提出具体的对策,改变乌梁素海"水生态系统健康状态"和"生态风险"水平。

(4)生态修复:基于生态安全的乌梁素海生态修复方案

为了遏制当前恶化趋势,不能把湖泊水体生态修复简单看作是水生植被的回复与重建,而需要革新水生态修复理念,合理权衡控源与生态修复的关系。应用生态系统管理模式,加强湖泊生态系统内部结构的系统性调整,包括湖泊水体食物链的恢复、湖泊水文水位的生态调控、水生态系统完整性建设等。此外,重点攻破乌梁素海湖滨带生态修复方案,从而最大限度改善乌梁素海生态服务系统功能水平。

(5)系统管理:乌梁素海流域生态安全系统管理方案

为了有效改善乌梁素海生态安全状况,需要建立科学的乌梁素海流域生态安全系统管理方案,以此保障上述综合治理方案在时空上合理配置且具有科学依据。其核心内容包括5个方面:建立驱动力(社会经济影响)、压力(入湖负荷和水资源利用情况)、状态(水质/水生态)、影响(湖泊水生态服务功能)和生态风险之间的响应关系模型;提出调控乌梁素海生态安全水平的决策系统;设计在时间和空间尺度上优化配置"控源—减排—治污—生态修复"的系统方案;建立在不确定性条件下的生态安全风险决策与系统管理方案。

综上所述,技术路线如图9-6所示。

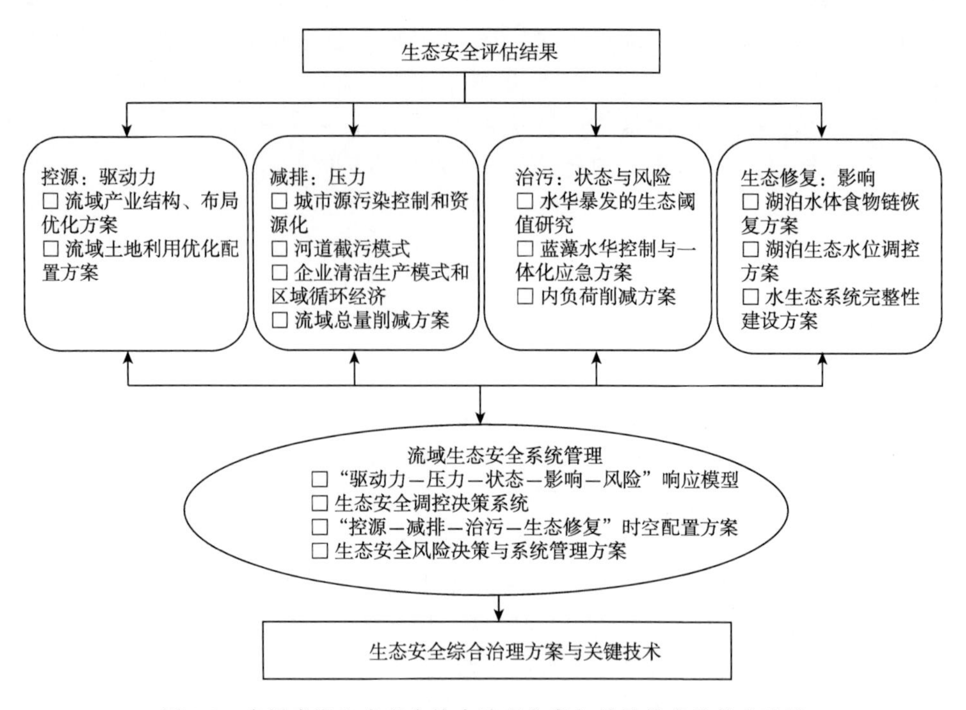


图 9-6 乌梁素海生态安全综合治理方案与关键技术的技术路线

## 9.6 乌梁素海生态安全综合评估结果

乌梁素海生态安全综合评估结果为 35.5 分，为综合分级的 5 级，为很不安全级别，评估结果为乌梁素海富营养化较重，藻类占主要优势，流域社会经济影响产生大量污染和直接破坏，生态服务功能部分消失且服务价值大量损失，大面积"黄苔"暴发，如表 9-1、表 9-2 和图 9-7 所示。

**表 9-1 乌梁素海综合评估结果**

| | 专项评估 | 综合评估 | 专项分级 | 综合分级 |
|---|---|---|---|---|
| 社会经济 | 19.8 | 35.5 | 5 | 5 |
| 生态健康 | 28.6 | 35.5 | 4 | 5 |
| 服务功能 | 65.2 | 35.5 | 3 | 5 |
| 生态灾变 | 57.4 | 35.5 | 4 | 5 |

注：满分 100 分。

表 9-2 乌梁素海综合评估等级说明

| 安全评级 | 预警颜色 | SESI 得分 | 分级意义 |
|---|---|---|---|
| 很安全 | 蓝色 | >100 | 湖库生态系统健康完整,流域社会经济影响不干扰湖泊水生态系统,生态服务功能稳定且自然生态价值完整,饮用水源地水质全部达标,无显著水华发生 |
| 安全 | 绿色 | 75～100 | 湖库生态系统基本健康,流域社会经济影响不超过流域生态承载力,生态服务功能稳定,饮用水源地水质基本达标,无感官明显水华发生 |
| 一般 | 黄色 | 55～75 | 湖库富营养化,生态系统结构不合理,流域社会经济影响对流域生态系统产生直接干扰,生态服务功能受到削弱,饮用水源地水质基本达标,局部有水华发生 |
| 不安全 | 红色 | 40～55 | 湖库富营养化,生态系统不完整,藻类占主要优势,流域社会经济影响超出湖库生态承载力,生态服务功能削弱或部分消失,饮用水源地水质部分不达标,局部有大面积水华发生 |
| 很不安全 | 黑色 | <40 | 湖库富营养化较重,藻类占主要优势或对营养盐非响应,流域社会经济影响产生大量污染和直接破坏,生态服务功能部分消失且服务价值大量损失,饮用水源地水质部分不达标并威胁饮用水源的持续供应,局部或全湖持续有大面积水华发生 |

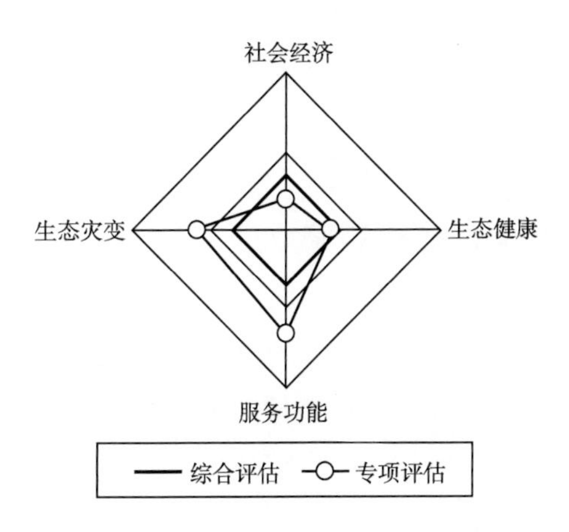


图 9-7 乌梁素海生态安全评估结果雷达图

# 10 基于遥感数据的乌梁素海“黄苔”监测与预警研究

近些年来，在湖泊藻类的监测研究中，快速发展的遥感技术被广泛地运用。与传统的人工监测相比，遥感技术在对湖泊水质监测和大面积藻类或“黄苔”暴发的预警应用中，节约了大量的人力和财力，具有时间连续性强、空间范围广、监测速度快等特点。而水体叶绿素 a 浓度是藻类的重要指标，及时、正确和全面地监测水体叶绿素 a 浓度变化与湖区“黄苔”分布，可以帮助当地政府和有关部门及时制订相应措施，进而减轻和控制湖泊富营养化；同时利用遥感技术对乌梁素海“黄苔”的产生变化规律进行研究，建立乌梁素海的“黄苔”暴发预警系统，对乌梁素海的生态环境改善和“黄苔”防控具有重要理论和实际的意义。

## 10.1 乌梁素海遥感数据的获取

本节首先介绍 TM 数据和 MODIS 数据的性质以及数据的获取途径，然后总结遥感数据预处理的过程和方法，并依照影像数据自身特点采用不同方法分别对 TM 和 MODIS 数据进行预处理。

### 10.1.1 TM 数据的概述和获取

TM，即专题制图仪，英文全称为 Thematic Mapper，简称 TM。它是 Landsat 卫星系列上装载的一个高级的多波段扫描型地球资源敏感仪器，也是一种改进的多光谱扫描仪。Landsat 卫星是美国的陆地卫星，其设计目的是探测地球资源，轨道设计采用近极地、近圆形的与太阳同步轨道。Landsat 1 是世界上第一颗地球观测卫星，于 1972 年在美国发射升空。1972—2013 年，Landsat 已经发射了全部的 1～8 号卫星。其中，Landsat 8 号卫星于 2013 年 2 月 12 日发射升空，目前工作状态良好，而其他 7 颗卫星鉴于各种原因目前已经停止使用。与 MSS 相比，TM 数据的空间性能、辐射性能和光谱性能均有所提高，数据质量和数据信息量大幅度增加。TM 数据的波段选用了从可见光到红外光的谱段，即波长 0.45～12.5 μm，共 7 个波段，用来最大限度地监测和区分不同类型的资源。Landsat 卫星轨道高度为 705 km，像幅大小为 185 km×185 km，重复周期为 16 天，故 TM 数据的时间分辨率为 16 d，同时 TM 数据的空间分辨率最高可达 30 m。TM 数据的 7 个波段信息，如表 10-1 所示。

表 10-1 TM 数据的波段信息

| 波段号 | 波段范围(μm) | 波段类型 | 空间分辨率 |
|---|---|---|---|
| 1 | 0.450～0.515 | Blue～Green(蓝绿光) | 30 m |
| 2 | 0.525～0.605 | Green(绿光) | 30 m |
| 3 | 0.630～0.690 | Red(红光) | 30 m |
| 4 | 0.775～0.900 | Near IR(近红外) | 30 m |
| 5 | 1.550～1.750 | SWIR(中红外) | 30 m |
| 6 | 10.400～12.500 | LWIR(热红外) | 60 m |
| 7 | 2.090～2.350 | SWIR(中红外) | 30 m |

国际科学数据服务网(http://datamirror.csdo.cn)是国内最大的免费数据平台。该网站提供大量的国内外镜像数据,可以注册后免费下载,但该平台的数据随机性较大,某一段时间某一地区连续的遥感影像不可多得。本章所用的TM 数据未能在该网站上获得。为满足本书研究之需求,从 USGS 网站订购所需的特定地区、特定时间的 TM 数据,因此,数据量有限。

### 10.1.2 MODIS 数据的概述和获取

MODIS 即中分辨率成像光谱仪,全称为 Moderate-resolution Imaging Spectroradiometer。它是目前世界上较为新的“图谱合一”的光学遥感仪器,其光谱范围从 0.4 μm(可见光)到 14.4 μm(热红外),共有离散光谱波段 36 个。最大空间分辨率 250 m,时间分辨率为 1 天,扫描宽度高达 2330 km。MODIS 数据可以同时提供海洋水色、浮游植物、陆地表面状况、生物地理、云边界、云特性、化学、气溶胶、云顶温度、臭氧和云顶高度、大气中水汽、大气温度、地表温度等的特征信息。MODIS 数据的技术指标如表 10-2 所示。

表 10-2 MODIS 数据技术指标

| 项目 | 指　标 |
|---|---|
| 轨道 | 705 km,降轨上午 10:30 过境,升轨下午 1:30 过境,与太阳同步,近极地圆轨道 |
| 扫描频率 | 20.3 转/分,垂直轨道 |
| 测绘宽度 | 2330 km×10 km |
| 望远镜直径 | 17.78 cm |
| 体积 | 1.0 m×1.6 m×1.0 m |
| 重量 | 228.7 kg |
| 功耗 | 162.5 W(单轨平均) |
| 数据率 | 10.6 Mbps(日最大),6.1 Mbps(轨道平均) |
| 量化 | 12 bits |
| 星下点空间分辨率 | 250 m,500 m,1000 m |
| 设计寿命 | 6 年 |

MODIS传感器在拥有海岸带扫描仪(CZCS)和NOAA系列卫星的主要探测器(AVHRR)优点的同时又有很大的改良。MODIS数据是以12个二进位(12比特率)来存储的,其量化等级为2048。随着科学进步,MODIS数据有了显著的改善,不光在几何较正和辐射校正上,还对所有的36个波段进行的波段到波段的相对配准达到0.1个像元或更低。这不仅扩大了MODIS数据的适用范围,也提高了研究的精确度。

此处所用MODIS数据为MODIS 1B产品。获取途径为NASA的免费数据网站(http://daac.gsfc.nasa.gov/)。MODIS 1B产品的波段信息及分类,如表10-3所示。

**表10-3 MODIS 1B产品各种波段**

| 名称 | 波段数 | 波段号 | 分辨率 |
|---|---|---|---|
| EV 250 RefSB | 2 | 1,2 | 250 m |
| EV 500 RefSB | 5 | 3,4,5,6,7 | 500 m |
| EV 1 km RefSB | 13 | 8～19,26 | 1000 m |
| EV 1 km Emissive | 16 | 20～25,27～36 | 1000 m |

其中RefSB是MODIS数据中的太阳光的反射波段;而Emissive是热辐射波段,地面和水陆研究常用250 m、500 m以及1000 m的太阳光反射波段。此处选用EV 250 RefSB和EV 500 RefSB两类共7个波段进行研究分析,另外从该网站上下载相应同一时刻的MODIS的3级产品MODIS 03,用于后期的几何校正处理。

对于MODIS数据而言,TM数据在时间分辨率和辐射分辨率上是无法与之相比的,但TM数据的地面分辨率要远远高于MODIS数据。整理两种遥感数据的某些参数并进行比较,如表10-4所示。

**表10-4 MODIS数据与TM数据的参数对比**

| 参数 | TM | MODIS |
|---|---|---|
| 时间分辨率 | 16 d | 1/2～1 d |
| 空间分辨率 | 30 m | 250 m/500 m/1000 m |
| 辐射分辨率 | 8比特率 | 12比特率 |
| 波段设置 | 共7个波段:6个可见光—近红外波段;1个热红外波段,其波谱带相对较宽 | 共36个波段:20个可见光—近红外波段;16个热红外波段,其波谱带相对较窄 |

## 10.2 乌梁素海遥感数据的预处理

### 10.2.1 TM 数据的预处理

(1)几何精校正

TM 影像几何精校正的方法一般有两种,利用精确度较高的地图进行校正或利用经过几何精校正的同一区域的、分辨率较高的影像进行校正。由于实际条件的限制,本节利用经过几何精校正的 Google Earth 里提供影像为校正基准图,该影像分辨率较高,而且是免费的共享资源。

首先在 Google Earth 中找到研究区,在研究区及周边设置至少 30 个控制点,并记录所有控制点的信息。同时在 ENVI 5.0 中选择该影像的纠正方法为多项式法;为了避免光谱信息的丢失,重采样采用最邻近点法;选择 UTM 投影和 WGS-84 椭球体,使采样点定位坐标和遥感影像投影坐标精确匹配。设置好投影参数后对影像进行控制点采集。结合 Google Earth 沿湖设置控制点及其信息,设置地面控制点(GCP)点,调整 GCP 的位置,保证总误差 *RMS* 控制在 0.5 个像元之内。

(2)辐射定标

本节采用 ENVI 5.0 提供的专门模块 Landsat Calibration 对 TM 影像进行辐射定标,得到辐射亮度值,以便进行大气校正。

(3)大气校正

本节的大气校正通过集成在 ENVI 5.0 遥感处理软件中的 FLAASH 模块实现的。FLAASH 模块因其可以较高保真地恢复地物的波谱信息,并获得地物比较准确的地表温度、反射率以及辐射率等真实物理模型参数,同时可以校正由于漫反射引起的邻域效应,是目前使用较为广泛的大气校正工具。

ENVI 的大气校正模块模型为 Modtran4+,它是由 Spectral Sciences,Inc.(SSI)和 Air Force Research Labs(AFRL)合作开发,ITT Visual Information Solutions(ITTVIS )进行整合和图形化。这个模块是利用像素光谱特征来估计大气属性的,对于气溶胶、散射、水蒸气、漫反射的领域效应有较好的去除功能。Modtran4+主要提供了美国标准大气、热带大气、中纬度夏季大气、中纬度冬季大气、水平大气参数、极地夏季大气和极地冬季大气等大气模式。根据研究区的实际情况选择可输入的大气模式。在进行大气校正模型计算时也要对几何路径进行选取。根据不同研究要求,Modtran4+提供了水平路径、两高度的倾斜路径、射线倾斜路径和垂直路径以及路径长度和路径倾斜度。

校正时要求输入需进行大气校正的一景影像数据的中心点经纬度、平均海拔高度、成像时间等参数,另外也要考虑太阳天顶角和方位角,观测天顶角和方位角的选取,这些参数可以通过影像本身获取。本节根据研究区的地理特点,针对不同月份数据，对以上几何参数和大气资料进行查询，输入并运行校正模式，实现大气校正。

以 2009 年 7 月 23 日的一景 TM 影像为例，在利用 ENVI 软件的 FLAASH 模块大气校正时，其参数设置如表 10-5 所示。

**表 10-5　乌梁素海 Landsat5 TM 影像 FLAASH 大气校正参数**

| 大气校正主要参数 | TM 影像 FLAASH 大气校正参数设置 |
|---|---|
| 影像中心纬度(度) | 40.3161825 |
| 影像中心经度(度) | 108.98502 |
| 传感器类型 | Landsat TM5 |
| 太阳高度角(度) | 61.00519877 |
| 地面平均高程 | 1 km |
| 影像获取时间 | 2009 年 7 月 23 日 |
| 影像获取具体时间(GMT) | 03:13:24 |
| 大气模式 | MLS(中纬度夏季模式) |
| 气溶胶模式 | Rural |
| 气溶胶反演方法 | 2Band KT(660 nm～2200 nm) |
| 卷云检测波段 | TM 波段 |
| 初始能见度 | 35 m |

### 10.2.2　MODIS 数据的预处理

(1)重采样和几何校正

本节 MODIS 数据的重采样和几何校正是利用软件 MRT 完成的，其中 MODIS 03 数据是必不可少的。在下载 MODIS 1B 产品的同时，下载对应的 MODIS 03 数据，用于对分辨率分别为 1 km、500 m 和 250 m 的 MODIS 1B 数据进行几何校正。

重采样和几何校正过程中需要考虑研究区地理位置、遥感数据自身特点来设置该遥感影像的校正参数，再结合 MODIS 1B 数据自身的经纬度信息进行校正。本节研究区遥感影像重采样和几何校正参数，如表 10-6 所示。

**表 10-6　遥感影像重采样和几何校正参数**

| 名称 | 参数设置 |
|---|---|
| 投影方式 | Geographic Lat/Lon |
| 参考基点 | WGS-84 |
| SMajor | 6378245.0 |
| SMinor | 6356863.0 |
| STDPR1 | 25.0 |
| STDPR2 | 47.0 |
| CentMer | 105.0 |
| 输出像素 | 250 m |

(2)辐射定标

本节选取研究区没有被云遮挡,能见度较高且较为清晰的 MODIS 影像,这样的影像大气影响较低,直接通过辐射定标获得影像每个像元的反射率值。定标前,需要从 HDF Explorer 软件读取 MODIS 1B 数据中自带的反射率的线性系数(reflectance_scales)和截距(reflectance_offsets),然后结合辐射定标模型,通过公式对该幅遥感影像每个像元的 $DN$ 值进行转换,得到对应的反射率值。

计算公式为:

$$Y = DN \times F_{-} scales + F_{-} offsets \tag{10-1}$$

式中,$Y$ 表示反射率值;$DN$ 值(Digital Number)是遥感影像像元亮度值,记录地物的灰度值;$F_{-} scales$ 为原始影像反射率的线性系数;$F_{-} offsets$ 为原始影像反射率的截距。通过辐射定标直接得到遥感影像的反射率值,以便后期数据分析处理。

(3)大气校正

虽然对于 MODIS 数据有了较成熟的大气校正算法,但这些算法大多用于陆地,而且某些辅助参数的获得也较为困难。因此,在做大气校正时,本节利用的是基于影像的方法,具体方法为直方图最小值消除法。其基本思想是:一幅影像中总能找到某种或者某几种地物,其反射率或者辐亮度约为 0,比如在山体的阴影处,或者是反射率极低的深海水处等,这时相应位置的影像像元的亮度值应为 0。根据实测数据,这些位置上像元的亮度值并不为 0。那么该值应该就是大气散射引起的程辐射值。假定大气程辐射引起的反射率增值 $\Delta r$ 在有限的影像面积内是一个常数,其值的大小只和波段相关,而且可近似认为每个波段的最小反射率值 $r_{min}$ 就是 $\Delta r$。于是,把影像中每个像元的反射率值与本波段的 $r_{min}$ 相减,就能将大气影响粗略去除。

## 10.3 基于 TM 数据的乌梁素海叶绿素 a 浓度反演

叶绿素 a 浓度是湖泊藻类的一个重要指标。故研究湖泊水体叶绿素 a 浓度的变化对于乌梁素海“黄苔”有着重要的预警作用。水体叶绿素 a 浓度不断上升,表示该部分水体内藻类以及浮游植物迅速繁殖,在一定的光照和气温条件下,会导致“黄苔”的暴发。所以湖泊叶绿素 a 浓度的监测为湖泊“黄苔”的预防工作提供重要依据。

近年来针对乌梁素海水质的研究也在不断深入,而遥感技术在乌梁素海叶绿素 a 浓度监测中的应用却是少之又少。目前乌梁素海叶绿素 a 浓度的监测大多集中于地面试验,需要采集水样,进行实验处理,耗时费力,使得监测结果滞后,无法实现快速、动态的监测;同时采样点数量较少,局部采集的水样无法反应湖区整体的叶绿素 a 浓度。本章将 2009 年 7 月 23 日的 TM 波段组合与实测叶绿素 a 浓度数据进行线性拟合，建立最优的乌梁素海叶绿素 a 浓度反演模型，依此得到叶绿素 a 浓度分布情况。

### 10.3.1 实验数据的获取

#### 10.3.1.1 实测数据的获取

在空间上把乌梁素海以 2 km×2 km 的正方形网格剖分，结合常规水体提取位置，选取网格的部分交点，设置理论采样点，如图 10-1 所示。

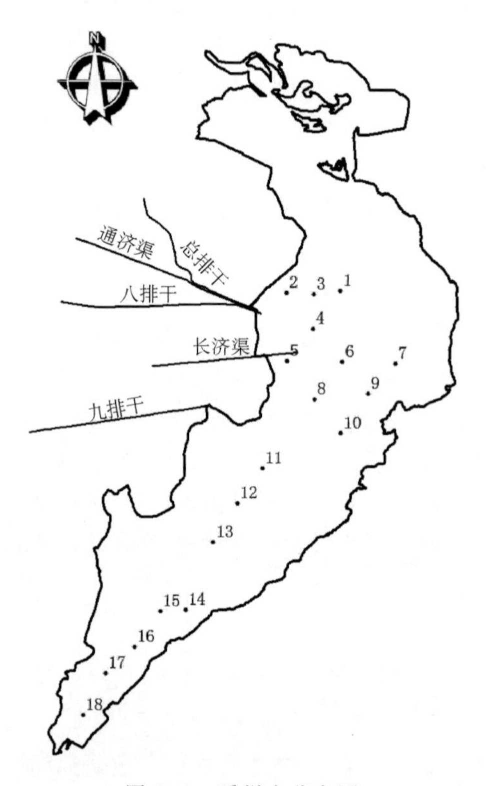


图 10-1 采样点分布图

采样时配合卫星过境时间，选择天气晴朗、天空少云或无云的时间，各采样点均使用 GPS 接收仪确定其经纬度，记录数据以实际到达位置为准。水样用聚乙烯塑料容器（事先用硝酸溶液洗涤过）来盛装，再将水样送回实验室进行分析。本节采用的是 2009 年 7 月 23 日的 18 个水样，送至实验室利用丙酮萃取分光光度法获得叶绿素 a 浓度数据。

#### 10.3.1.2 遥感影像反射率的提取

TM影像经过大气校正后，提取采样点的反射率时，会发现导出的经纬度与原输入经纬度不完全一致的情况。软件导出采样点反射率时，一般提取像元中心点的经纬度，而采样点的点位不一定恰好对应影像像元的中心点，当输入的经纬度与影像上单个像元的经纬度不完全一致时，软件会自动采取就近原则，使其与最邻近的像元点匹配，输出该点的经纬度及反射率值。另外，TM影像信噪比较低，影像含有噪声信息，特别是暗物体(如水体等)变得尤为显著。为减小误差以及减弱噪声影响，本节提取每个采样点邻近点3×3像元平均反射率为该点的反射率值。

### 10.3.2 实验与研究方法

#### 10.3.2.1 初步相关性分析

参考国内外学者的研究成果，本节选取TM影像中TM1～TM4的单波段、波段组合及其对数，分析与实测叶绿素a浓度之间的相关性。统计发现：在单波段中，2009年7月23日的叶绿素a浓度与$TM1$相关性最高($R=0.3301$)，与$TM3$相关性最低($R=0.1651$)；在各种波段组合中，$TM4/TM1$与叶绿素a浓度相关性最高($R=-0.4563$)，其次是$TM2/TM1$($R=0.4392$)和($TM4+TM3$)/$TM1$($R=0.4253$)。在对2006年7月31日的TM影像做相同的预处理，并与当月实测数据做相关性分析后，得到的统计结果与2009年的相似，且相关性普遍比2009年的低，其中叶绿素a浓度与$TM4$相关性最好($R=0.1299$)。通过以上分析可以看出，叶绿素a浓度与TM波段的相关性都很低。

#### 10.3.2.2 研究区分区及相关性分析

夹杂着大量污染物的污废水被排入乌梁素海，是乌梁素海水体营养物质的重要来源，也是湖泊藻类生长的必要条件。工业废水及生活污水经总排干在红圪卜排水站排入乌梁素海，占总排水的85%；农田退水经八、九排干直接汇入乌梁素海，占总排水的14%。总排干及八、九排干分布在湖区西侧，受湖区中部芦苇的影响，排干退水区的水体流动较慢、水质较差，污染物较集中且不易扩散。按此将湖区大体分为两个区，分别命名为一区和二区，一区是离排干较近的排干退水区，二区是污染源扩散区。根据该划分，2009年7月23日的实测数据中有5个采样点分布在一区，另外13个采样点分布在二区。利用一区5个采样点的实际经纬度，结合Kriging插值思想，细化一区的边界，得到具体的分区图，如图10-2所示。

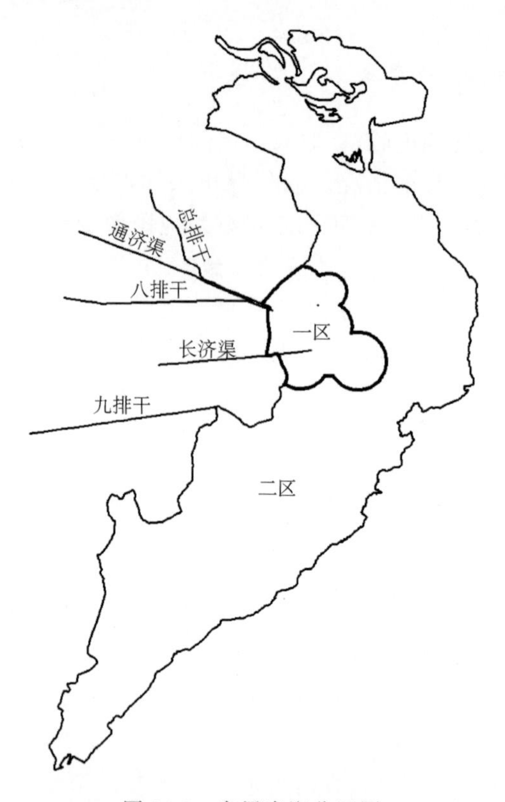


图 10-2　乌梁素海分区图

同样选取不同的波段组合对两区的采样点分别进行相关性分析，得到相关系数较高的波段组合，如表 10-7 所示。

**表 10-7　TM 波段组合反射率值与叶绿素 a 浓度的相关系数**

| 波段组合 | 一区相关系数 | 二区相关系数 |
| --- | --- | --- |
| $TM4/TM1$ | −0.9343 | 0.4050 |
| $TM4/TM2$ | −0.8625 | 0.7246 |
| $TM4/TM3$ | −0.9086 | 0.9315 |
| $(TM3+TM4)/TM2$ | −0.8571 | 0.6403 |
| $(TM1+TM3+TM4)/TM2$ | −0.8597 | 0.6768 |
| $(TM2+TM3+TM4)/TM1$ | −0.9348 | 0.4080 |
| $(TM1+TM2+TM4)/TM3$ | −0.9198 | 0.9317 |
| $\ln(TM4/TM3)$ | −0.7356 | 0.8301 |
| $\ln[(TM1+TM2+TM4)/TM3]$ | −0.7345 | 0.8300 |

结果发现，分区后反射率数据与实测数据的相关性大大提高，相关系数最高可达 0.9317。其中$(TM1+TM2+TM4)/TM3$ 和 $TM4/TM3$ 与叶绿素 a 浓度的相关性较高。为进一步验证分区的合理性，按照该方法处理 2006 年 7 月 31

日的数据，相关性同样大幅提高。故本节把乌梁素海划分为两个区分别反演叶绿素 a 浓度。

#### 10.3.2.3　反演模型的建立

针对 2009 年 7 月 23 日的 TM 数据和实测数据，选取（$TM1+TM2+TM4$）/$TM3$ 和 $TM4/TM3$ 作为因子，与实测叶绿素 a 浓度做线性回归，建立叶绿素 a 浓度的反演模型如下。

模型Ⅰ：

$$\begin{cases} Y_1 = -0.0046[(TM1+TM2+TM4)/TM3]+0.0628 \\ Y_2 = 0.0051[(TM1+TM2+TM4)/TM3]-0.0155 \end{cases} \tag{10-2}$$

模型Ⅱ：

$$\begin{cases} Y_1 = -0.0047(TM4/TM3)+0.0562 \\ Y_2 = 0.0055(TM4/TM3)-0.0114 \end{cases} \tag{10-3}$$

式中，模型Ⅰ、Ⅱ分别为（$TM1+TM2+TM4$）/$TM3$ 和 $TM4/TM3$ 与叶绿素 a 浓度的线性模型。$Y_1$、$Y_2$ 分别表示一区和二区叶绿素 a 浓度值，$TM1$～$TM4$ 为相应波段的反射率值。两个模型的线性拟合情况如图 10-3 所示。

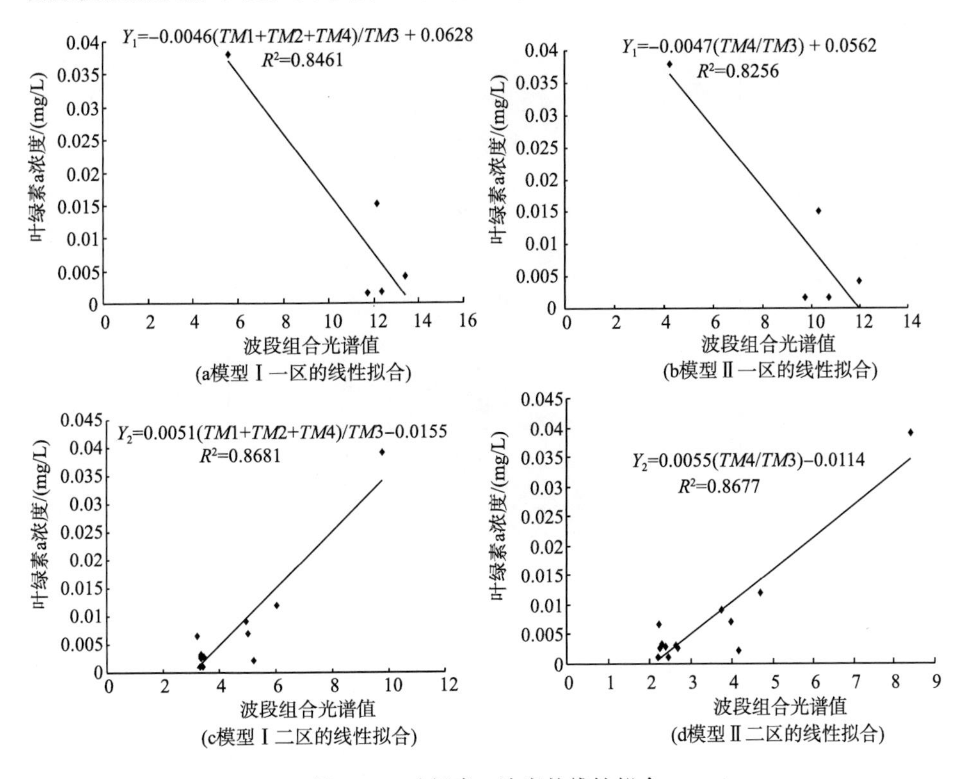


图 10-3　叶绿素 a 浓度的线性拟合

由图 10-3 可知，模型Ⅰ、Ⅱ在一区的 $R^2$ 值分别为 0.8461 和 0.8256，在二区的 $R^2$ 值分别为 0.8681 和 0.8677，两组模型的 $R^2$ 值比较接近。分别采用两种模型得到采样点的模拟值，结合实测值分析其拟合效果，如表 10-8 所示。

**表 10-8　两种模型拟合效果对比**

| 模型类型 | | 线性拟合度($R^2$) | 相关性($R$) | 均方根误差($RMSE$) |
|---|---|---|---|---|
| 模型Ⅰ | 一区(Y1) | 0.8461 | 0.918 | 4.3432 |
| | 二区(Y2) | 0.8681 | 0.937 | |
| 模型Ⅱ | 一区(Y1) | 0.8256 | 0.906 | 4.4282 |
| | 二区(Y2) | 0.8677 | 0.935 | |

模型Ⅰ、Ⅱ的 $RMSE$ 值分别为 4.3432 和 4.4282。模型Ⅰ的 $RMSE$ 值较低，且与叶绿素 a 浓度的线性拟合度总体较好。综合考虑，选择模型Ⅰ反演乌梁素海叶绿素 a 的浓度。

### 10.3.3　叶绿素 a 浓度的反演结果与讨论

利用模型Ⅰ对 2009 年 7 月 23 日乌梁素海叶绿素 a 浓度进行反演，得到浓度分布图，如图 10-4 所示。

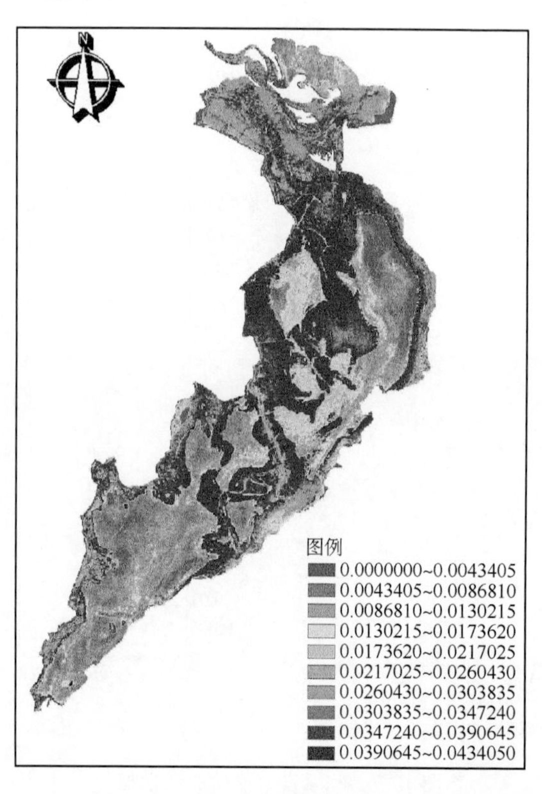


图 10-4　2009 年 7 月 23 日乌梁素海叶绿素 a 浓度分布图(见彩图)

由图10-4可知，乌梁素海叶绿素a浓度整体呈现由北向南逐渐降低，以及西高东低的规律。北部湖区的叶绿素a浓度高于南部湖区；西部以及中部湖区浓度较高，东部相对较低，但湖东沿岸叶绿素a浓度偏高。主要原因是大量工业废水和生活污水从西北部的总排干进入乌梁素海，形成一个叶绿素a浓度的峰值。湖水顺流而下，由于受到芦苇区阻碍分别向南、向东分流。向南分流的湖水与8,9排干的农田退水汇集，致使湖区中西部出现叶绿素a浓度的又一个峰值。湖水继续南下，最终由南部的西山咀排出。在湖水自北向南流动期间，其携带的营养物质被芦苇、水草及藻类吸收而逐渐减少，导致南部湖区叶绿素a浓度明显低于北部。向东分流的湖水进入相对封闭的湖区，期间营养物质随水流自西向东扩散，聚集到东岸，导致湖东沿岸叶绿素a浓度相对较高。该结论与实测叶绿素a浓度数据基本吻合，能够反映出乌梁素海叶绿素a浓度的整体分布。

## 10.4 基于MODIS数据的乌梁素海水质参数反演模型

### 10.4.1 实验数据的获取

#### 10.4.1.1 实测指标的获取

从空间上将乌梁素海分成2 km×2 km的正方形网格，根据水体常规的提取位置，选择部分网格的交点为采样点，共选取采样点21个，分别在2008年的5月12日、6月7日、7月16日、8月13日、9月12日、10月23日进行水质指标采样。具体的水质采样指标有水温、电导率、pH值、溶解氧、化学需氧量、总磷、总氮、叶绿素。

在采样点采集水质指标数据时，需要与卫星过境的时间一致，选取天气晴朗，天空少云或者是没有云的时候，在每个采样点都利用GPS接收仪定位其经纬度，记录的数据以到达的实际位置为准。水样用硝酸溶液提前洗涤过的聚乙烯塑料容器来盛装，然后将水样送回到实验室处理分析。

#### 10.4.1.2 MODIS遥感影像反射率的提取

首先将分辨率为250 m、500 m和1000 m的MODIS遥感影像的36个离散波段进行重采样和投影转换处理，重采样至250 m，再对其进行大气校正。利用HDF软件获取影像36个波段的反射率线性系数和截距，然后按实际到达的经纬度提取各个采样点处分别在36个波段的DN值，然后计算各个采样点在36个波段的反射率。在获取采样点的DN值时，会发现导出的经纬度与原输入的经纬度不完全相同。软件导出采样点的DN值时，一般提取像元中心点的经纬度，而采样点的点位不一定恰好对应影像像元的中心点，当输入的经纬度与影像上单个像元的经纬度不完全相同时，软件会自动采取最近原则，使其与最相近的像元点相匹配，输出该点的经纬度和 DN 值。所用各个波段的反射光谱范围数据、信噪比、主要用途和空间分辨率如表 10-9 所示。

**表 10-9　MODIS 各个波段简介**

| 波段 | 波谱范围 | 信噪比 | 主要用途 | 分辨率(m) |
|---|---|---|---|---|
| 1 | 620～670 nm | 128 | 陆地/云边界 | 250 |
| 2 | 841～876 nm | 201 | | |
| 3 | 459～479 nm | 243 | 陆地/云特性 | 500 |
| 4 | 545～565 nm | 228 | | |
| 5 | 1230～1250 nm | 74 | | |
| 6 | 1628～1652 nm | 275 | | |
| 7 | 2105～2155 nm | 110 | | |
| 8 | 405～420 nm | 880 | 海洋颜色/浮游植物/生物化学 | 1000 |
| 9 | 438～448 nm | 838 | | |
| 10 | 483～493 nm | 802 | | |
| 11 | 526～536 nm | 754 | | |
| 12 | 546～556 nm | 750 | | |
| 13 | 662～672 nm | 910 | | |
| 14 | 673～683 nm | 1087 | | |
| 15 | 743～753 nm | 586 | | |
| 16 | 862～877 nm | 516 | | |
| 17 | 890～920 nm | 167 | 大气水蒸气 | |
| 18 | 931～941 nm | 57 | | |
| 19 | 915～965 nm | 250 | | |
| 20 | 3.660～3.840 μm | 0.05 | 地表/云温度 | |
| 21 | 3.929～3.989 μm | 2 | | |
| 22 | 3.929～3.989 μm | 0.07 | | |
| 23 | 4.020～4.080 μm | 0.07 | | |
| 24 | 4.433～4.498 μm | 0.25 | 大气温度 | |
| 25 | 4.482～4.948 μm | 0.25 | | |
| 26 | 1.360～1.390 μm | 150 | 卷云 | |
| 27 | 6.536～6.895 μm | 0.25 | 水蒸气 | |
| 28 | 7.175～7.475 μm | 0.25 | | |
| 29 | 8.400～8.700 μm | 0.25 | | |
| 30 | 9.580～9.880 μm | 0.25 | 臭氧 | |
| 31 | 10.780～11.280 μm | 0.05 | 地表/云温度 | |
| 32 | 11.770～12.270 μm | 0.05 | | |

续表

| 波段 | 波谱范围 | 信噪比 | 主要用途 | 分辨率(m) |
|---|---|---|---|---|
| 33 | 13.185～13.485 μm | 0.25 | 云顶高度 | 1000 |
| 34 | 13.485～13.785 μm | 0.25 | | |
| 35 | 13.785～14.085 μm | 0.25 | | |
| 36 | 14.085～14.385 μm | 0.35 | | |

## 10.4.2 水质参数反演模型的建立

通过实测指标与乌梁素海“黄苔”相关性的分析，本节选取与“黄苔”相关性较大的叶绿素、总氮和总磷来建立反演模型。

本节选取2008年7月的叶绿素、总氮、总磷实测数据为反演模型建立的数据基础。首先获取与采样时间相同的MODIS遥感影像，对MODIS影像进行预处理；其次根据采样点的实际到达位置即实际经纬度提取其在遥感影像上相应的DN值，获取所用影像所有波段的反射率系数和截距，计算各个采样点在各个波段的反射率值；最后对实测值和各个波段的反射率进行相关性分析，选取相关性较好的波段，用该波段的反射率值和实测值进行线性、多项式、乘幂、指数、对数五种数据拟合，选取拟合度较高的拟合公式作为水质参数的反演模型。

### 10.4.2.1 叶绿素反演模型的建立

通过相关性分析，选取结果较好的$b_1$、$b_{13}$、$b_{15}$波段的反射率值与叶绿素实测数据进行线性、多项式、乘幂、指数、对数五种数据拟合，选取拟合度较好的拟合公式作为叶绿素浓度的反演模型。

$b_1$ 波段反演叶绿素的模型如下：

$$Y_1 = -7.3675\ln(b_1) + 21.338 \tag{10-4}$$

$$Y_2 = 0.1134b_1^2 - 3.1903b_1 + 22.975 \tag{10-5}$$

式中，$Y_1$、$Y_2$ 代表叶绿素值，$b_1$ 代表MODIS波段1的反射率值，式(10-4)和式(10-5)的拟合度分别为0.6227和0.6049。

$b_{13}$波段反演叶绿素的模型如下：

$$Y_1 = -7.3859\ln(b_{13}) + 21.377 \tag{10-6}$$

$$Y_2 = 0.1266b_{13}^2 - 3.4476b_{13} + 23.77 \tag{10-7}$$

式中，$Y_1$、$Y_2$ 代表叶绿素值，$b_{13}$代表MODIS波段13的反射率值，式(10-6)和式(10-7)的拟合度分别为0.6258和0.635。

$b_{15}$波段反演叶绿素的模型如下：

$$Y_1 = -7.492\ln(b_{15}) + 21.602 \tag{10-8}$$

$$Y_2 = 0.1191b_{15}^2 - 3.316b_{15} + 23.477 \tag{10-9}$$

式中，$Y_1$、$Y_2$ 代表叶绿素值，$b_{15}$代表 MODIS 波段 15 的反射率值，式(10-8)和式(10-9)的拟合度分别为 0.6439 和 0.6321。

#### 10.4.2.2 总氮反演模型的建立

通过相关性分析，选取结果较好的 $b_{21}$、$b_{33}$、$b_{35}$ 波段的反射率值与总氮实测数据进行线性、多项式、乘幂、指数、对数五种数据拟合，选取拟合度较好的拟合公式作为总氮浓度的反演模型。

$b_{21}$波段反演总氮的模型如下：

$$Y_1 = 0.0391b_{21}^2 - 0.8241b_{21} + 7.9468 \tag{10-10}$$

式中，$Y_1$ 代表总氮值，$b_{21}$代表 MODIS 波段 21 的反射率值，式(10-10)的拟合度为 0.6608。

$b_{33}$波段反演总氮的模型如下：

$$Y_1 = 0.0161b_{33}^2 - 0.2861b_{33} + 5.6031 \tag{10-11}$$

式中，$Y_1$ 代表总氮值，$b_{33}$代表 MODIS 波段 33 的反射率值，式(10-11)的拟合度为 0.6079。

$b_{35}$波段反演总氮的模型如下：

$$Y_1 = -0.0282b_{35}^2 + 0.594b_{35} + 2.7131 \tag{10-12}$$

式中，$Y_1$ 代表总氮值，$b_{35}$代表 MODIS 波段 35 的反射率值，式(10-12)的拟合度为 0.6395。

#### 10.4.2.3 总磷反演模型的建立

通过相关性分析，选取结果较好的 $b_{20}$、$b_{22}$、$b_{24}$、$b_{31}$、$b_{32}$ 波段的反射率值与总磷实测数据进行线性、多项式、乘幂、指数、对数五种数据拟合，选取拟合度较好的拟合公式作为总磷浓度的反演模型。

$b_{20}$波段反演总磷的模型如下：

$$Y_1 = 0.0004b_{20}^2 - 0.02b_{20} + 0.356 \tag{10-13}$$

式中，$Y_1$ 代表总磷值，$b_{20}$代表 MODIS 波段 20 的反射率值，式(10-13)的拟合度为 0.6178。

$b_{22}$波段反演总磷的模型如下：

$$Y_1 = -0.012b_{22} + 0.3309 \tag{10-14}$$

$$Y_2 = -0.086\ln(b_{22}) + 0.3868 \tag{10-15}$$

$$Y_3 = 0.0006b_{22}^2 - 0.0238b_{22} + 0.3742 \tag{10-16}$$

式中，$Y_1$、$Y_2$、$Y_3$ 代表总磷值，$b_{22}$代表 MODIS 波段 22 的反射率值，式(10-14)、式(10-15)、式(10-16)的拟合度分别为 0.6362、0.6214、0.6613。

$b_{24}$波段反演总磷的模型如下：

$$Y_1 = -0.0855\ln(b_{24}) + 0.3855 \tag{10-17}$$

$$Y_2 = 0.0005b_{24}^2 - 0.0224b_{24} + 0.364 \tag{10-18}$$

式中，$Y_1$、$Y_2$ 代表总磷值，$b_{24}$代表 MODIS 波段 24 的反射率值，式(10-17)和式(10-18)的拟合度分别为 0.6152 和 0.6068。

$b_{31}$波段反演总磷的模型如下：

$$Y_1 = -0.0123b_{31} + 0.3336 \tag{10-19}$$

$$Y_2 = 0.0004b_{31}^2 - 0.0209b_{31} + 0.3651 \tag{10-20}$$

式中，$Y_1$、$Y_2$ 代表总磷值，$b_{31}$代表 MODIS 波段 31 的反射率值，式(10-19)、式(10-20)的拟合度分别为 0.655、0.6683。

$b_{32}$波段反演总磷的模型如下：

$$Y_1 = -0.0121b_{32} + 0.3314 \tag{10-21}$$

$$Y_2 = -0.085\ln(b_{32}) + 0.3844 \tag{10-22}$$

$$Y_3 = 0.0004b_{32}^2 - 0.0214b_{32} + 0.3654 \tag{10-23}$$

式中，$Y_1$、$Y_2$、$Y_3$ 代表总磷值，$b_{32}$代表 MODIS 波段 32 的反射率值，式(10-21)、式(10-22)、式(10-23)的拟合度分别为 0.6395、0.6103、0.6551。

### 10.4.3 反演模型的验证

下载与叶绿素、总氮、总磷实测时间相同的 MODIS 影像，提取相应波段的 DN 值，并转化为对应的反射率值，利用反演模型和反射率值反演叶绿素、总氮、总磷的浓度值。对反演出的叶绿素、总氮、总磷值和实测的叶绿素、总氮、总磷值分别进行相关性分析，相关系数均在 0.6 以上，说明本节所建立的反演模型可以较好地反演相应的水质参数。

## 10.5 基于 MODIS 数据的乌梁素海“黄苔”信息提取

本节介绍研究区的概况，分析了乌梁素海“黄苔”在 MODIS 数据中的波谱特性，并依此提出提取“黄苔”信息的比值算法，划分“黄苔”灾情等级，并对乌梁素海“黄苔”分布信息进行提取。

### 10.5.1 湖泊“黄苔”信息提取方法

#### 10.5.1.1 地物波谱分析

由于不同类别的物体自身结构性质的不同，使得其发射或是反射出的电磁波也不尽相同。通过卫星传感器接收和记录的地球表面发射以及反射出的电磁波可以获得地球上不同类别的地物信息。

对乌梁素海典型地物在MODIS数据中对应波段反射率值进行对比分析，得到不同典型地物在MODIS数据中对应的波谱曲线，如图10-5所示。

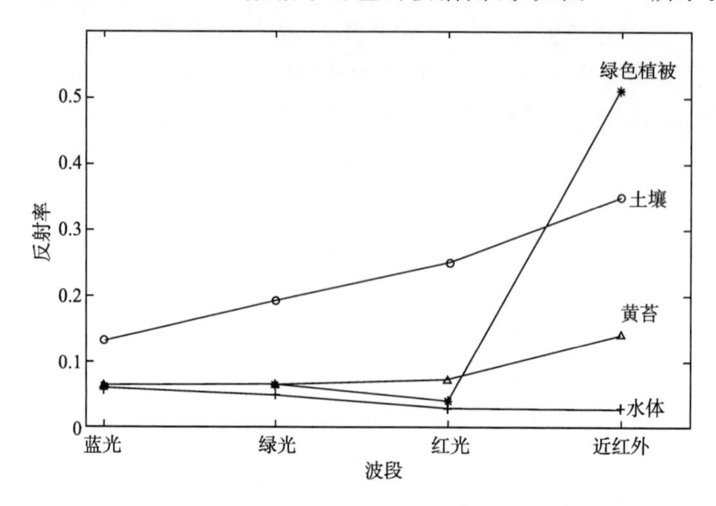


图10-5 不同地物在MODIS影像中的波谱特征曲线图

由图10-5可知，土壤或是裸土的反射率较高，且波长越长反射率越高。植被在近红外波段的反射率突然增高，这是因为在该波段植物的细胞壁和细胞间隙的反射率不同，造成多重反射，最终导致整体的高反射率，且高于其他地物。由于植被对绿光的吸收较弱，所以在绿光波段的反射率相较于蓝光和红光较高，形成一个小的波峰。水体的反射率相对其他地物较低，因为水体对入射光的吸收性较强，故而反射能力较差，如图水体的反射率随着波长的增加而逐渐减小，到了近红外波段，几乎没有反射能力。整体看来，湖水水体在蓝光波段反射率较高，红光最弱。“黄苔”的反射光谱整体和土壤类似，每个波段的反射率皆高于水体。但“黄苔”的反射率相对土壤较低，也是随着波长的增长反射率增高。在蓝光和绿光波段范围，“黄苔”的反射率与绿色植被的反射率较为接近。但由于颜色的差异，在红光波段“黄苔”的反射率明显高于绿色植被。

#### 10.5.1.2 “黄苔”信息提取的方法及等级的划分

湖泊内“黄苔”出现后，覆盖“黄苔”的水体的颜色、透明度等会发生变化，进而改变该区域水体的反射光谱特征。该区域与正常水体存在明显差别，可以通过目视辨别，或是利用波段组合得到的某些遥感指数来提取“黄苔”信息。其中比值型指数较常用于地物的辨别与提取。该指数的原理是，通过比值计算，扩大该地物的最强反射波段与最弱反射波段的差距，从各种背景地物中突出该地物，进而达到提取该地物信息的目的。一般情况下，为了后续的提取方便，会进行归一化处理，把指数值局限到−1到1之间。

本节结合“黄苔”的地物光谱特征，选取反射率反差较大的蓝光波段与红光波段进行比值计算，并进行归一化。

归一化的遥感指数：

$$N=\frac{R_{红}-R_{蓝}}{R_{红}+R_{蓝}} \tag{10-24}$$

式中，$R_{红}$表示红光波段的反射率值，$R_{蓝}$表示蓝光波段的反射率值。它们分别对应 MODIS 数据中的 1 波段和 3 波段。

本节在数据预处理阶段未能对 MODIS 数据进行大气校正处理，为了消除大气影响，在这里使用郑伟等提出的相对大气校正方法进行处理。该方法的原理是，把晴空下的水体反射率作为基准，假设大气的影响是一致的，即在可见光波段都会使得波段反射率升高同一值，设定该值为大气影响标准值，统一减去该标准值即可。上述表达式变为：

$$N=\frac{(R_{红}-R'_{红})-(R_{蓝}-R'_{蓝})}{(R_{红}-R'_{红})+(R_{蓝}-R'_{蓝})} \tag{10-25}$$

式中，$R'_{红}$表示在红光波段大气影响标准值，$R'_{蓝}$表示在蓝光波段大气影响标准值。选取研究区一块透明水体的反射率为基准值，利用该基准值计算这两个波段的大气影响标准值。我们通过实验测定，透明水体在红光波段和蓝光波段的反射率值分别为 0.04 和 0.065。

水体出现“黄苔”，且越来越严重时，该区域的反射率会明显增高，对应地，红光波段与蓝光波段的反射率差异会增大。结合上述归一化遥感指数值，设定“黄苔”等级如下：

$$\begin{cases}-0.1\leqslant N<0\longrightarrow 轻度“黄苔” \\ 0\leqslant N<0.1\longrightarrow 中度“黄苔” \\ 0.1\leqslant N<1\longrightarrow 重度“黄苔”\end{cases} \tag{10-26}$$

### 10.5.2 湖泊“黄苔”信息提取结果

2008 年乌梁素海“黄苔”暴发较为严重，多方媒体对这一事件进行了报道。本节选取这一年 5—8 月的 MODIS 影像，对湖区内“黄苔”分布信息分布情况进行研究。

5 月中旬乌梁素海湖区的南部西岸以及北部北岸出现“黄苔”，主要是中、轻度“黄苔”。只有北部明水区北边缘有重度“黄苔”，面积较小。湖区中部未发现“黄苔”。但到了 5 月下旬，湖区南部“黄苔”暴发较之前严重，原来的中度“黄苔”多转变成重度“黄苔”，几乎占南部湖区水域面积的一半。而湖区中东部沿东岸也出现“黄苔”，以轻度和中度“黄苔”为主。整体来看，这段时间湖区“黄苔”面积增长迅速，多集中在湖区南部和中东部，重度“黄苔”几乎占整个“黄苔”面积的一半。

由图 10-6 可知，6 月中上旬，湖区南部“黄苔”暴发情况较之 5 月下旬有所缓解，尤其是湖区南部的重度和中度“黄苔”面积大大减少。重度“黄苔”多集中在湖区中部，湖区整体“黄苔”面积也有所减小。6 月下旬，湖区“黄苔”面积有所增加，湖区北部和中东部轻度“黄苔”面积增加较为明显。6月“黄苔”面积增加较5月缓慢，仅中、轻度“黄苔”面积有所增加，整体看来“黄苔”灾情有所缓解。

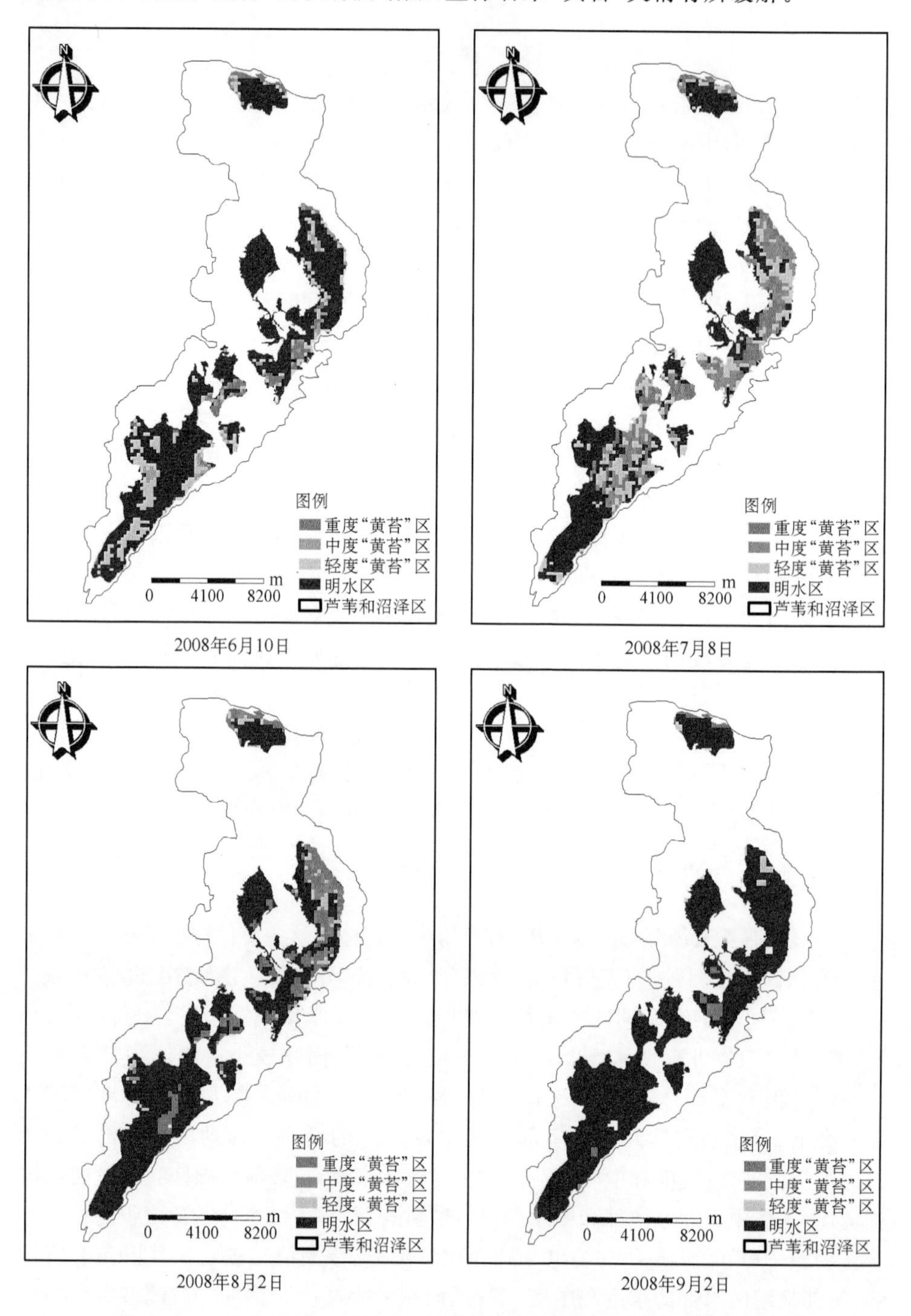


图10-6 2008年6月、7月、8月和9月乌梁素海“黄苔”分布图(见彩图)

由图 10-6 可知，7 月是“黄苔”暴发的高峰期，7 月 6—8 日仅两天时间，“黄苔”面积迅速增加。整个上旬“黄苔”灾情越来越严重，不仅面积增加，严重程度也在增加，重度“黄苔”面积一度达到高峰，多集中在湖区中东部和南部。但到了 7 月中旬，“黄苔”面积明显减小，尤其是湖区南部减少幅度最大。7 月下旬，较之 7 月中旬，“黄苔”面积有小幅度增加，主要集中在湖区中东部。

从 7 月中下旬“黄苔”面积逐渐增加，一直延续到 8 月初，又一次达到一个高峰，但 8 月整月“黄苔”面积却又在回落。到了 8 月底湖区南部几乎看不到“黄苔”，剩余“黄苔”多集中在湖区中东部，湖区北部“黄苔”也较以前有所减少。

乌梁素海 9 月“黄苔”零星分布在湖区中部和北部，面积较小，且有消退迹象，到了 10 月湖区内“黄苔”几乎全部消失。

整体来看，2008 年乌梁素海湖区内“黄苔”在 5 月中旬开始暴发并扩散，7 月达到高峰，8 月中旬开始减退，直至 10 月初“黄苔”几乎全部消失。湖区中部及岸边暴发“黄苔”的概率较大，这是因为湖区中部相对封闭，湖水流动缓慢，水体内营养物质堆积，为藻类生长提供了条件。以上监测结果与 2008 年同期关于乌梁素海“黄苔”实地监测结果基本一致。

据调查，2008 年乌梁素海大面积暴发“黄苔”，是由多方面原因导致的。一方面，2007 年冬季的严寒致使湖区冰冻深度创下近些年来的最高纪录，直接影响了来年春天的开河时间。湖水中的优势水草由于低温生长变得缓慢，导致低温环境下仍能正常生长的藻类出现了竞争优势，得以快速增长繁殖。另一方面，开春以来当地气温迅速增高，比同期高出 3～4℃，水温也较之以前升高；同时降水却比往年要少，湖水的蒸发大、补给少，水中营养元素浓度增高。这样就为藻类繁殖生长提供了必要的条件，致使 5—7 月“黄苔”大面积增加。期间当地政府组织捕捞，缓解了灾情，但 7 月上旬气温持续增高，干旱少雨，湖水流动缓慢，“黄苔”面积达到最高峰。7 月中旬，当地降中雨，湖区水量得到补充，暂时缓解了“黄苔”灾情，但仅一次的降水并不能够彻底解决问题，到了 7 月底“黄苔”灾害并没有得到较好的改善。8 月当地政府加大治理力度，组织工人捕捞，加之气温降低，“黄苔”面积迅速减少，治理效果明显。到了 10 月乌梁素海湖区内的“黄苔”几乎全部消失。

## 10.6 乌梁素海“黄苔”监测预警系统建设

本节在成功开发湖泊水质参数数学反演模型的基础上，建立了乌梁素海“黄苔”数字化预警系统。其需要解决的关键技术问题是：①不同格式数据的转变问题，包括各模型之间实时数据的交换；②预警结果的空间可视化实时动态的演示问题；③网络化和远程监控问题。

本节在已有研究基础上，结合构建的水质参数反演模型，设计和建立了乌梁素海“黄苔”监测预警系统(The Monioiring and Early Warning System of WU-LIANGSUHAI Huangtai,缩写为 TMEWSWH),实现对乌梁素海“黄苔”暴发的实时预警监测,将对改善乌梁素海的生态环境和“黄苔”的防控具有重要指导意义,为政府综合规划、制定保护生态环境的方针提供科学依据,对生态环境保护纲要以及可持续发展战略的实现都有着重要的意义。同时也将促进相关研究工作的不断深入与发展,并推动利用现代化与信息化的手段和工具防治、治理生态环境污染。

本节详细介绍了 TMEWSWH 的总体结构、主要功能、运行环境、系统数据源及关键功能模块的功能和子菜单。TMEWSWH 利用实时获取的常规气象资料、水文水质参数数据和遥感影像数据,完成对乌梁素海“黄苔”的监测预警,为乌梁素海生态环境的治理提供指导和依据。

## 10.6.1 乌梁素海“黄苔”监测预警系统概述

### 10.6.1.1 系统主要功能

TMEWSWH 利用 MODIS 影像结合地面气象信息、实测的水文水质参数数据,实现影响“黄苔”暴发的主要因素,如 P 浓度、N 浓度、叶绿素 a 浓度的监测,通过监测指标确定乌梁素海当前“黄苔”的暴发情况或者预测今后一段时间内乌梁素海“黄苔”的暴发情况。

TMEWSWH 主要具有以下功能。

(1)获取数据和格式转换的功能:从气象信息中心和遥感数据网实时获取常规气象、气候资料和遥感影像数据,并转换为系统需要的输入数据格式。

(2)数据预处理功能:对 MODIS 遥感影像和 TM 影像进行必要的预处理,如对 TM 影像进行几何精校正、大气校正等;对 MODIS 影像进行投影转换(重采样)和辐射定标等。

(3)“黄苔”监测预警功能:利用经过预处理的遥感影像数据和气象、气候资料,监测影响“黄苔”暴发的 TN 浓度、TP 浓度和叶绿素等水质参数的浓度。利用不同地物的光谱反射率不同来提取“黄苔”,并确定“黄苔”污染等级,根据监测的数据确定当前“黄苔”暴发的情况并预测今后一段时间的“黄苔”迁移变化情况。

(4)统计分析功能:可按时间、空间、“黄苔”暴发的严重程度对监测预警结果进行统计分析。

(5)应用服务性功能:以统计图表、专题图等多种方式提供应用服务。

乌梁素海“黄苔”监测预警系统界面设计合理、友好,输入输出能基本满足要求,系统有较强的容错能力,运行基本稳定。监测模型、“黄苔”预警模型基本成熟,计算结果合理、可靠,基本达到业务需要精度。由于时间仓促,该版本的

TMEWSWH 系统拥有的功能还十分有限。但是随着研究和开发的深入，TMEWSWH 的功能将会得到不断扩充与完善，应用范围将会更加广泛，最终能够为用户提供一个全面完整、功能完善，易于使用的乌梁素海“黄苔”监测、预警分析的平台。

#### 10.6.1.2 系统运行环境

(1)硬件设备

在单机条件下运行，无须网络支持。建议最低运行环境配置如下：Windows 操作系统(最低版本为 XP)，Pentium(R) 4 CPU 3.20 GHz，内存容量 2 G，硬盘容量 500 G。

(2)支持软件

TMEWSWH 系统使用 Visual Basic 和 Visual C ++开发，采用 Microsoft Office Access 数据库和 MAPX 组件。系统中最好安装相关软件，如 Java、Map-Info、ENVI 等。

(3)数据格式

TMEWSWH 系统输入影像所采用的文件格式均为 ENVI 文件格式。

### 10.6.2 系统数据源

系统主要以 MODIS 影像为遥感数据源，以及全国气象站点和内蒙古气象站点的气象资料，还有乌梁素海实测的水文数据资料。

利用长时间序列的 MODIS 遥感影像，每一时间的 MODIS 数据使用 FTP 从网站上免费下载获得(http://ladsweb.nascom.nasa.gov/data/search.html)，下载所研究区域的分辨率为 1000 m、500 m 和 250 m 的 MODIS 1B 数据和与之相匹配的 MODIS 03 级数据。对所获得 MODIS 遥感影像进行重采样和投影转换等前期的预处理，消除云、大气、太阳高度角等的部分干扰，以便于后面的进一步研究。

### 10.6.3 系统总体结构

TMEWSWH 包括文件、时空特征分析、监测分析、预警分析、数据管理和帮助 6 个主菜单模块，各个主菜单模块下面又有相应的子菜单。登录后的系统界面如图 10-7 所示，系统的技术路线图如图 10-8 所示。

图 10-7　登录后的乌梁素海“黄苔”监测预警系统界面

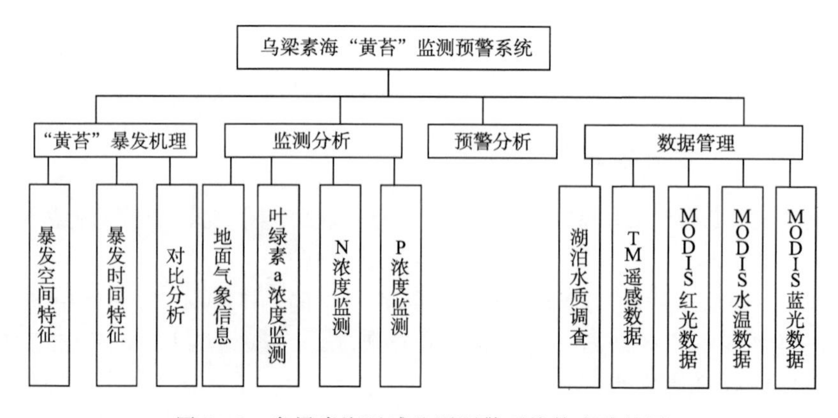


图 10-8　乌梁素海遥感监测预警系统技术路线图

## 10.6.4　关键功能模块简介

文件：文件下包括新建、打开、保存、另存为、打印、打印预览、打印设置、最近的文件、退出 9 个菜单，如图 10-9 所示。各个子菜单的功能与其他软件的相同子菜单的功能基本相同，如保存子菜单就是将当前系统打开的文档进行存储。

时空特征分析模块：通过经重采样、辐射定标、波段运算的 MODIS 遥感影像，利用比值法提取“黄苔”，确定“黄苔”暴发的时空特征。其中时空特征模块下包括时间特征、空间特征和对比分析 3 个独立的子菜单，如图 10-10 所示。

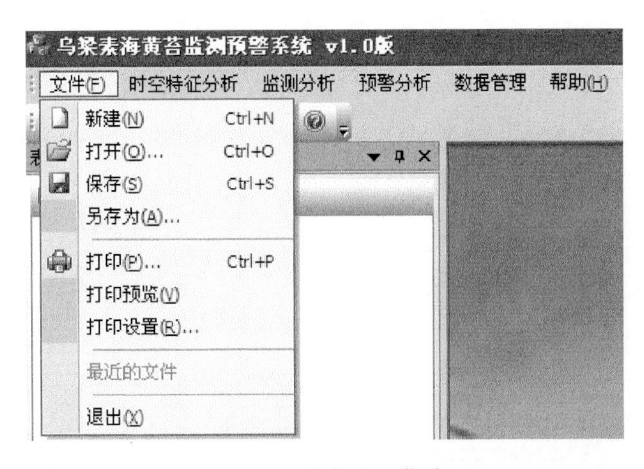


图 10-9 文件的子菜单

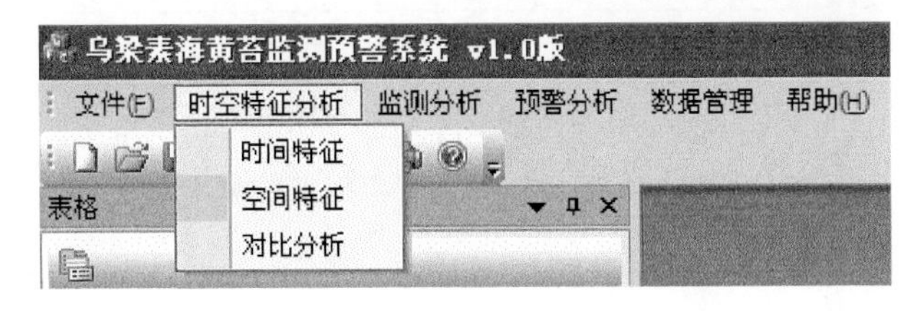


图 10-10 时空特征分析模块菜单

其中时间特征主要是确定“黄苔”随时间的变化情况，如几月份“黄苔”暴发，几月份“黄苔”面积开始增长，几月份“黄苔”面积达到最大，几月份“黄苔”面积开始缩小、直至消失等。空间特征主要确定“黄苔”在乌梁素海各个空间位置的暴发变化情况。对比分析是通过比较乌梁素海“黄苔”暴发的时间特征和空间特征，从而确定“黄苔”暴发的时空变化规律。

监测分析模块：对处理后的 MODIS 遥感影像进行分析，按照相应的标准，将“黄苔”暴发的程度进行分级分颜色显示，计算“黄苔”暴发的各种程度的面积，并生成同一时间影响“黄苔”暴发的主要因子统计报告，主要是对影响“黄苔”暴发的主要因子进行监测统计。监测分析模块下包括地面气象信息、叶绿素浓度、总氮浓度、总磷浓度 4 个独立子菜单，如图 10-11 所示。

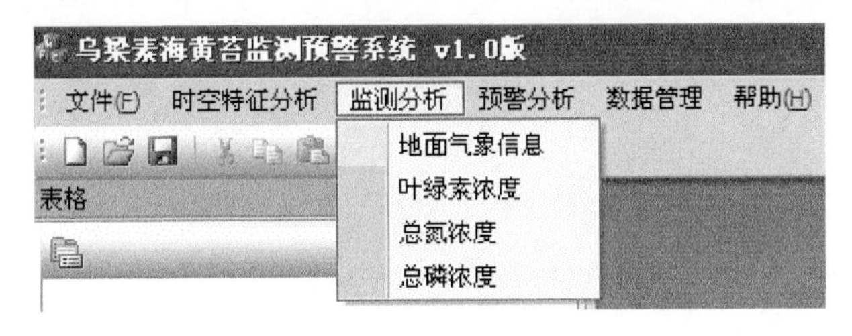


图 10-11 监测分析模块菜单

其中地面气象信息是通过气象服务站点进行采集，采集的部分时间的部分数据如图 10-12 所示。

地面气象观测记录表　2008年4月30日　观测员：杨、张、宋

| 时间 | | 8:00 | | | 14:00 | | | 20:00 | | | 合计 | 平均 |
|---|---|---|---|---|---|---|---|---|---|---|---|---|
| 百叶箱数据 | | 读数 | 订正值 | 订正后 | 读数 | 订正值 | 订正后 | 读数 | 订正值 | 订正后 | | |
| | 干球温度 | 12.8 | | | 21.5 | | | 19.2 | | | | |
| | 湿球温度 | 12.4 | | | 21.3 | | | 12.2 | | | | |
| | 毛发表 | 52% | | | 35% | | | 44% | | | | |
| | 最高温度 | / | / | / | / | / | / | 9.4 | | | 日最高 | |
| | 最低温度 | / | / | / | / | / | / | | | | 日最低 | |
| 地温 | | 读数 | 订正值 | 订正后 | 读数 | 订正值 | 订正后 | 读数 | 订正值 | 订正后 | 合计 | 平均 |
| | 地面温度 | 15.8 | | | 35 | | | 18 | | | 最高值 | |
| | 5厘米 | 13 | | | 22.5 | | | 23.6 | | | | |
| | 10厘米 | 13.2 | | | 18 | | | 19 | | | | |
| | 15厘米 | 13.7 | | | 15.7 | | | 17.8 | | | | |
| | 20厘米 | 13 | | | 13.5 | | | 15.5 | | | | |
| 蒸发（E601B）mm | 原量 | | | | | | | 2.245 | | | | |
| | 降雨量 | | | | | | | | | | | |
| | 余量 | | | | | | | 1.608 | | | | |
| | 蒸发量 | | | | | | | 0.637 | | | | |
| 降水量 | 定时 | / | | | / | | | / | | | | |
| | RR | / | | | / | | | / | | | | |
| 风向 | | 300--330 | | | 240--270 | | | 120--150 | | | | |
| 风速(m/s) | | 2.39m/s | | | 4.38m/s | | | 0.49m/s | | | | |
| 天气现象描述 | | 晴 | | | 晴 | | | 晴 | | | | |
| 日照时数 | | | | | | | | | | | | |
| 备注 | | | | | | | | | | | | |
| | | | | | | | | 校核人： | | | 时间： | |

地面气象观测记录表　2008年5月1日　观测员：杨、张、宋

| 时间 | | 8:00 | | | 14:00 | | | 20:00 | | | 合计 | 平均 |
|---|---|---|---|---|---|---|---|---|---|---|---|---|
| 百叶箱数据 | | 读数 | 订正值 | 订正后 | 读数 | 订正值 | 订正后 | 读数 | 订正值 | 订正后 | | |
| | 干球温度 | 17.2 | | | 24.2 | | | 22.6 | | | | |
| | 湿球温度 | 9.6 | | | 15.6 | | | 13.8 | | | | |
| | 毛发表 | 57% | | | 53% | | | 48% | | | | |
| | 最高温度 | / | / | / | / | / | / | | | | 日最高 | |
| | 最低温度 | / | / | / | / | / | / | 8 | | | 日最低 | |

5月份　6月份　7月份　8月份　9月份　10月份

图 10-12　部分地面气象信息数据

叶绿素浓度通过在乌梁素海设置采样点进行水质采样进行确定，从而根据“黄苔”的暴发情况来确定叶绿素的浓度与“黄苔”暴发之间的关系。部分叶绿素采样浓度数据如图 10-13 所示。

乌梁素海叶绿素测试数据表　日期：2008年10月26日

| 样品 | 波长 | | | | Chl-a (mg/m3) |
|---|---|---|---|---|---|
| | 630 | 645 | 663 | 750 | |
| 八排 | 0.018 | 0.018 | 0.046 | 0.008 | 14.057 |
| 九排 | 0.010 | 0.010 | 0.012 | 0.007 | 1.734 |
| 总排 | 0.015 | 0.015 | 0.029 | 0.009 | 7.348 |
| 乌毛计 | 0.014 | 0.014 | 0.017 | 0.010 | 2.441 |
| I12 | 0.011 | 0.011 | 0.210 | 0.007 | 78.489 |
| J11 | 0.015 | 0.015 | 0.025 | 0.010 | 5.477 |
| J13 | 0.018 | 0.020 | 0.043 | 0.009 | 12.430 |
| K12 | 0.020 | 0.021 | 0.040 | 0.012 | 10.243 |
| L11 | 0.022 | 0.022 | 0.040 | 0.013 | 9.858 |
| L13 | 0.012 | 0.012 | 0.017 | 0.009 | 2.898 |
| L15 | 0.012 | 0.013 | 0.018 | 0.009 | 3.214 |
| M12 | 0.012 | 0.012 | 0.024 | 0.007 | 6.253 |
| M14 | 0.015 | 0.016 | 0.026 | 0.011 | 5.473 |
| N13 | 0.012 | 0.013 | 0.025 | 0.008 | 6.249 |
| O10 | 0.013 | 0.014 | 0.017 | 0.010 | 2.438 |
| P9 | 0.012 | 0.013 | 0.019 | 0.008 | 3.921 |
| P11 | 0.012 | 0.013 | 0.022 | 0.009 | 4.766 |
| Q8 | 0.011 | 0.012 | 0.019 | 0.008 | 3.990 |
| Q10 | 0.012 | 0.012 | 0.014 | 0.009 | 1.734 |
| R7 | 0.012 | 0.012 | 0.014 | 0.010 | 1.415 |
| S6 | 0.013 | 0.013 | 0.016 | 0.010 | 2.122 |
| T5 | 0.010 | 0.010 | 0.010 | 0.008 | 0.639 |
| U4 | 0.011 | 0.011 | 0.013 | 0.009 | 1.415 |
| V3 | 0.009 | 0.009 | 0.011 | 0.007 | 1.415 |

五月　六月　七月　八月　九月　十月

图 10-13　部分叶绿素采样浓度数据

通过测定总磷(TP)浓度与总氮(TN)浓度和乌梁素海“黄苔”暴发的情况，确定总磷(TP)浓度和总氮(TN)浓度与“黄苔”暴发的关系，从而为乌梁素海的“黄苔”预警和防治提供更好的支持。

预警分析模块：是 TMEWSWH 的中心模块，以时空特征分析模块、监测分析模块、数据管理模块为基础，通过“黄苔”预警指标体系的建立，选取合适的格网单元，大小应尽可能地与所用遥感影像的空间分辨率相一致。系统的遥感数据源主要是 MODIS 遥感影像，故选取格网时其大小应为 1 km×1 km。结合专家知识与数据挖掘构建各个诱发因子的隶属度函数与模糊推理准则，判断每个格网在一定时间内暴发“黄苔”的可能性大小。同时根据一定时间内的气象数据，估算现有蓝藻迁移速度，根据一定时间内“黄苔”暴发的可能范围，大体上划定一段时间内“黄苔”的空间位置分布。采用空间叠加分析功能把预警区划分，将预警结果通过网络及时发布给社会公众和各应急职能部门，保证在不泄密和安全的前提下，提供数据服务。

数据管理模块：有遥感影像数据库、属性数据库，可实现相应数据的输入、编辑、更新和备份。数据管理模块下有水质调查、TM 遥感数据、MODIS 红光数据、MODIS 蓝光数据、MODIS 水温数据 5 个独立的子菜单，如图 10-14 所示。

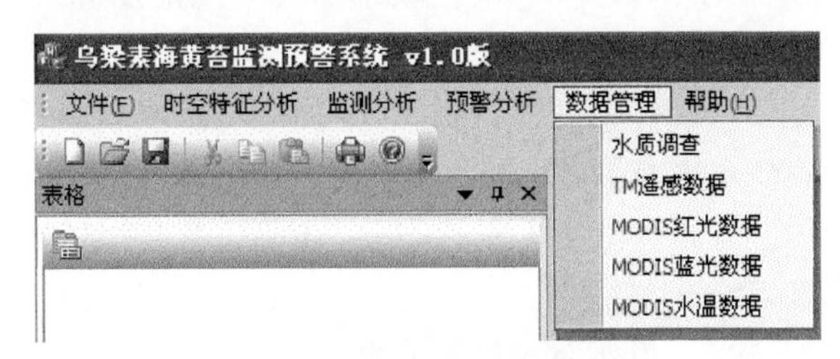


图 10-14 数据管理模块菜单

其中 TM 遥感数据、MODIS 红光数据、MODIS 蓝光数据都是经过预处理后的遥感影像。MODIS 水温数据是通过遥感定量反演得到的。水质调查的部分数据如图 10-15 所示。

海上实验室水质全指标的测定

记录时间： 日期 2008-5-12

| 测点名称 | COD | TN | NO3- | TP | BOD | 测点名称 |
|---|---|---|---|---|---|---|
| I12 | 88 | 8.3 | 3.4 | 0.23 | | I12 |
| J11 | 65 | 6.9 | 4.1 | 0.26 | | J11 |
| J13 | 82 | 6.7 | 3.2 | 0.15 | 2-4-5-7-8 | J13 |
| K12 | 75 | 5.6 | 3.5 | 0.18 | | K12 |
| L11 | 74 | 6.9 | 4.8 | 0.2 | 4-7-11-13-15 | L11 |
| L13 | 75 | 7.4 | 2.9 | 0.13 | | L13 |
| L15 | 65 | 4.9 | 1.9 | 0.13 | | L15 |
| M12 | 64 | 6.2 | 2.2 | 0.21 | | M12 |
| M14 | 78 | 6.6 | 2.4 | 0.13 | 1-1-2-3-4 | M14 |
| 十排 | | 2.6 | 1.2 | 0.02 | | 十排 |
| 长济渠 | | 3.2 | 10.9 | 0.13 | | 长济渠 |
| N13 | 62 | 5.4 | 1.6 | 0.1 | | N13 |
| O8 | | | | | | O8 |
| O10 | 60 | 3.2 | 3.3 | 0.09 | | O10 |
| P9 | 65 | 2.6 | 3.4 | 0.09 | 1-1-2-2-3 | P9 |
| P11 | 65 | 3 | 1.9 | 0.08 | | P11 |
| Q8 | 60 | 4.6 | 1.2 | 0.06 | | Q8 |
| Q10 | 66 | 2.8 | 1.8 | 0.08 | | Q10 |
| R7 | 59 | 3.7 | 1.7 | 0.07 | | R7 |
| S6 | 53 | 2.4 | 0.7 | 0.05 | 0-0-0-1-1 | S6 |
| T5 | 48 | 1.5 | 1.1 | 0.04 | | T5 |
| U4 | 50 | 1.3 | 0.9 | 0.04 | | U4 |
| V3 | 44 | 3.6 | 1.2 | 0.04 | 0-0-1-2-2 | V3 |

图 10-15 水质测定的部分数据

每个子菜单都可以实现特定的功能，如“黄苔”的时间、空间分布特征，“黄苔”的监测，“黄苔”的预警发布等。系统呈现出网络化、集成化、模块化和系统化等特点。乌梁素海“黄苔”监测指标的多样性决定了系统数据的多源性，输入数据包括气象数据、水质参数实测数据和遥感影像数据等。本系统运用可扩展性的系统结构，有关乌梁素海“黄苔”监测预警的研究新成果能够及时添加到其中。

## 10.7 乌梁素海“黄苔”监测与预警研究工作展望

基于本章的研究推导，提出几点对未来研究工作的展望，今后可以进一步从以下几方面来进行研究：

(1)对 MODIS 影像大气校正的方法是一种相对的大气校正。基准值的确定本来就存在着误差，会导致最后大气校正结果也存在误差。下一步可以从影像本身，寻找一种适合水体研究的、误差较小的大气校正方法。

(2)选取叶绿素 a 浓度为乌梁素海“黄苔”预警因子。通过对水体叶绿素 a 浓度分布的监测，预测“黄苔”暴发的位置。根据“黄苔”成因分析，可以作为预警因子的还有另外一些水质参数，例如水体氮的浓度和磷的浓度。下一步可以在实验室对采样水体进行氮磷浓度的提取，进一步研究其与遥感数据的相关性，并找寻合适的反演模型。

(3)除了水质参数，一些外部的气候参数，例如气温、风速、日照等也可以作为乌梁素海“黄苔”的预警因子，根据实际数据得到这些因子与“黄苔”暴发的关系，结合水质参数，共同建立“黄苔”的预警模型来进一步提高模型的精确度。

(4)由于本章所用的数据为空间分辨率为 1000 m 的 MODIS 遥感影像，故模型精度为 0.6，所以在以后的研究中可以利用其他影像进行研究，以提高精度。

(5)除了本章所选取的水质指标，一些其他的气候指标，例如风速、风向、日照等也可以考虑作为乌梁素海“黄苔”的预警因子，基于实测数据确定其与“黄苔”暴发迁移的关系，进一步提高预警系统的预测效果。

# 11 乌梁素海生态环境存在的问题及措施

根据此次乌梁素海生态安全调查与评估,可知目前乌梁素海生态安全处于不安全状态,生态环境受到严重威胁,主要生态环境问题有湖区生态需水得不到满足、富营养化问题突出、水生植物过量生长、外源污染没有得到有效遏制、湖区周围湿地生态系统功能退化以及湖泊周围水土流失严重等。

针对乌梁素海目前存在的这些生态安全问题,治理乌梁素海必须要预防减少湖区的内外污染源,维持湖泊现有的生物量,内外兼治,进一步改善水质,恢复乌梁素海的生态环境健康。

## 11.1 乌梁素海生态环境问题

(1)湖区生态需水得不到满足,盐分不断累积,生态功能严重退化

河套灌区年均净引黄水量从 20 世纪 90 年代的 52 亿 $m^3$ 下降到 44.6 亿 $m^3$,灌区年均补给乌梁素海的水量由 7 亿 $m^3$ 减少为 4 亿 $m^3$,且呈逐年减少趋势。乌梁素海每年湖面蒸发和植物蒸腾损耗 4.08 亿 $m^3$,补给地下水 0.56 亿 $m^3$,降雨 0.62 亿 $m^3$,融盐洗盐水 1.6 亿 $m^3$,则乌梁素海生态需水量约 5.62 亿 $m^3$,水量入不敷出问题严重。湖区盐分浓度呈逐年升高趋势,矿化度由 1990 年的 1.48 g/L 升高到 2008 年的 7.01 g/L,如此下去,不久的乌梁素海将变成咸水湖泊,届时整个生态系统将完全变化,鸟类和鱼类的栖息地将被破坏。

(2)富营养化问题突出,内源污染日趋严重

据资料统计,每年进入乌梁素海 TN 约 1088.59 t,TP 约 65.75 t,每年出湖 TN 约 759.90 t,TP 约 37.80 t,滞留在湖中参与积累储备的 TN 约为 328.69 t,TP 约为 27.95 t。TN、TP 储备量的不断增加,氮磷效应不断累加,水体富营养化程度不断提高,成为水草和芦苇蔓延的重要驱动力,导致大量芦苇和沉水植物疯长,水流不畅,自净能力不断下降。另外,湖泊季节性污染问题也比较突出,特别是每年 12 月到次年 4 月,乌梁素海的主要补给源几乎全是来自河套灌区的工业废水和生活污水,稀释自净能力更差,该时段是乌梁素海水质最差的时期,水质为劣Ⅴ类。

(3)水生植物过量生长,植物物种趋于单一化,沼泽化趋势加剧

根据遥感调查和实地调查,2008 年 4 月乌梁素海除 66%面积为芦苇和沼泽区外,其他水体几乎全部被沉水植物充塞,湖区内大型水生植物总生产量已达

30 万 t/a(干重),目前采收利用量不足 20 万 t。每年 5 月—11 月初,沉水植物形成茂密的“水下草原”,受污染影响,植物物种向单一化方向发展,生物多样性受到严重威胁。绝大部分得不到利用的水生植物腐烂沉积,不仅加剧了湖泊水体水质的进一步恶化,更重要的是加速了湖泊生物的填平作用,促进了湖泊老化及向沼泽化演替。

(4)外源污染没有得到有效遏制,仍然是乌梁素海主要污染来源

区域污染物排放量较大,超过乌梁素海水环境承载力。污染负荷入湖量分别是 TN2292.65 t/a 和 TP247.36 t/a,超过乌梁素海水环境承载力 TN866.7 t/a,TP40.9 t/a。且随着区域经济增长呈现较快增加趋势,污染物负荷量尤其是 TP 负荷量大大超过乌梁素海的Ⅳ类水质的承载能力。入湖污染负荷中,虽然已经建设了污染治理设施,但农田面源、城市污水和工业废水还是污水排放大户。

(5)湖区周围湿地生态系统功能退化,净化和拦截污染物能力下降

过去乌梁素海周围有丰富的湿地资源,对污染物拦截和水质净化具有重要作用,但是随着近年来在气候变化、生态补水不足,以及灌区的不断发展和不合理开发等综合作用下,湿地生态功能退化,使得湿地的净化作用明显降低。

(6)湖泊周围水土流失严重,加速湖体萎缩

乌梁素海平均每年接纳当地洪水总量约为 5000 万 $m^3$,由于湖泊东岸乌拉山及其周边水土流失严重,雨季雨水携带大量冲积物和腐殖质进入乌梁素海,加大了湖泊淤积速度。据 1986 年和 1996 年卫星影像对比分析,乌梁素海的面积在 10 年间减少了 20 $km^2$,芦苇区和沼泽地增加了 24 $km^2$,淤积面积 1.1 $km^2$,在淤积区域里,积存了大量的淤泥和砂子,平均厚度为 40 cm,最厚处达 90 cm。

## 11.2 乌梁素海治理措施

(1)乌梁素海生态需水保障方案

目前,乌梁素海生态需水量严重不足的问题已成为维持乌梁素海湖泊现有水面和水生态健康的主要制约因素。抢救乌梁素海必须率先科学规划水资源,保证其生态需水要求。

对于乌梁素海的保护,结合湖泊湿地生态系统特征,需从保证水量、保证水质、改善水质和满足功能需求四个层次来制定目标。但就抢救乌梁素海而言,湖泊湿地生态需水量主要由维持湖泊水面需要的水量(简称为维持水量)和湖泊溶盐洗盐需水量两个部分构成。乌梁素海的生态需水量为 6.00 亿 $m^3$,2000—2007 年乌梁素海至少需补充生态用水 0.99 亿 $m^3$。为满足乌梁素海生态需水量,需结合节水工程规划,综合考虑巴彦淖尔市供水水资源和各产业用水需求的实际情况,对灌区节水工程、管理措施及节水潜力进行全面分析,多方面拟定乌

梁素海生态补水水源方案。

乌梁素海生态补水水量来源具体方案如下:首先为水量来源方案,利用农田退水及湖区降水量进行调剂,利用灌区引水指标解决乌梁素海水盐平衡需水量,深化节水措施节约水量解决乌梁素海的生态维持水量。其次为做好多方面的保障措施从抢救乌梁素海的紧迫性出发,国家要加大河套灌区节水改造工程的投资力度,加快灌区节水改造工程的建设步伐。要严格控制河套灌区黄河引水指标 47.8 亿 $m^3$,并充分利用引水指标给乌梁素海提供溶盐洗盐最低生态需水量 1.6 亿 $m^3$,并通过外源控制与内源治理等措施,严格控制乌梁素海退水水质(Ⅵ类的要求);在退水进入黄河时,根据乌梁素海出湖闸最低运行水位高程 1018.35 m 及乌梁素海入河口黄河水位要求,建议在非汛期采用自流方式退水。在河套灌区有关节水改造工程规划没有全面实施之前,作为抢救阶段措施,建议结合黄河段凌汛期分凌减灾的要求,给予乌梁素海补充一定的生态水量。为保障黄河巴市段分凌减灾结合生态补水任务的顺利完成,建设黄河—乌梁素海的分凌减灾结合生态补水通道。

(2)流域产业结构调整及污染源减排方案

外源污染的控制和治理是乌梁素海保护的基础和根本。针对乌梁素海产业现状与污染源排放特征,提出区域控源的两个层面:控源首先是通过区域产业结构调整,包括工业、农业、旅游、城镇等的调整,从源头上控制污染负荷的大量产生;在此基础上,对于排放的污染物,因地制宜地利用现有的技术,采用工程技术手段进行污染源治理。通过源头控制—污染源治理两个层面,使区域污染负荷产生量与入湖量得以降低,达到湖泊水环境承载力范围之内。

对乌梁素海流域内各工业园区的产业链和循环链进行构建和优化,设置企业入园准入条件和企业关停并转及改造补偿方案。为确保工业园区污水处理达标排放,提高水资源的利用率,开展工业园区污水集中处理及中水回用工程,对现有污水处理设施进行升级改造,确保废水达标排放。

对不同种植类型进行调整,以优化种植结构,提高单位面积种植产值,同时蓄水保墒、培肥地力,防止农田水土流失;限制大牲畜牛数量的增加,大力发展羊的饲养;改良天然草场;乌梁素海的西岸湖区周边退耕还林还草;农业种植区整治荒地,整治盐碱地。从河套灌区与乌梁素海的实际出发,控制农业面源污染经济有效的途径与措施主要包括:发展节水灌溉措施、测土施肥;发展生态农业、推广科学合理的耕作方式等。

建设临河第二污水处理厂,规模 10 万 t,并在各旗县(区)污水控制工程建设的基础上,进行提标改造工程,各污水处理厂出水达到《城镇污水处理厂污染物排放标准》的一级 A 标准,完善城镇污水收集管网,提高城镇污水收集率。

根据河套灌区实际,拟先在巴彦淖尔市各排干的人口比较密集的重点市镇建立沼气池和厕所,逐步带动规划区的农村建立沼气池和厕所。规划建设垃圾填埋场，可以满足规划区城镇生活垃圾的最终处理处置。

规划以“核心优化，高端发展，域外拓展，网络集成”的思想为指导，在乌梁素海产业功能区规划的基础上，按生态要素和旅游环境背景对旅游产业进行分区规划，乌梁素海旅游业控污减排方案旅游业污染物近期消减率 60%，远期消减率 80%。

通过交通条件、区域环境、旅游主题的完善与提高促进旅游业发展，同时防止环境污染，改善生态（如观鸟绿色通道主体廊道工程，水上活动生态旅游区，二点和坝头发展以大众型、青少年旅游客源为主的项目，生态博物馆，环湖公路等）。

(3)清水产流机制修复与排干水净化方案

乌梁素海的水污染防治中外源污染控制是基础和根本，在外源污染控制的基础上，通过陆地生态系统恢复—渠道净化作用发挥—湖滨湿地带自然体系构建，实现区域水土流失控制—区域沟渠低污染水净化—湖滨湿地带的截留与净化作用，区域内产生的地表径流依次经过这三层面的净化后，地表径流成为“清水”进入湖泊，可有效改善水体水质，保证乌梁素海实现 IV 类水体目标。

①水土流失防治工程方案

针对乌梁素海周边水土流失现状，在乌梁素海北岸和东岸水土流失相对严重的区域构建 3 条水土流失防治带，分别为水土流失源头防治带、水土流失过程防治带和水土流失缓冲带，如图 11-1 所示。

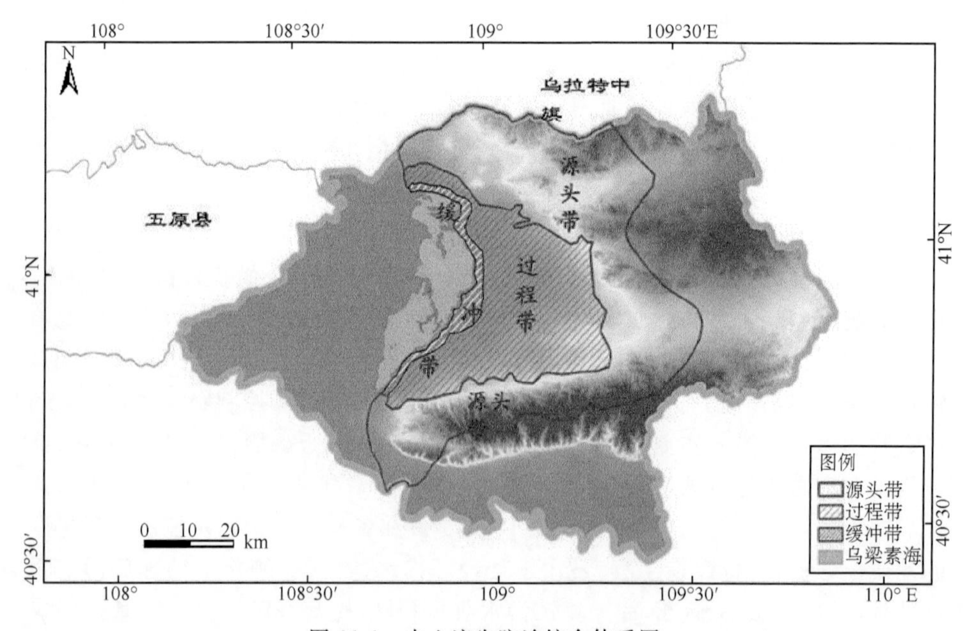


图 11-1 水土流失防治综合体系图

②排干沟净化工程方案

针对入湖沟渠污染严重、沟渠水质差、生态遭到破坏的主要问题，对总排干包括 1 至 7 排干和 8，9 排干进行污染控制与生态修复，进行底泥疏浚、实施旁侧多塘净化工艺、建立生态浮岛—多孔填料组合净化系统、构建生态驳岸等。

③河口湿地构建方案

为了达到去除营养盐，减少携带的沉积物，同时提升景观旅游价值，根据缓冲带的地形地貌、土地利用现状、生态类型等条件，在充分结合现有乌梁素海相关规划基础上，遵循自然恢复为主的原则，采取相适宜的技术与工艺因地制宜构建湖河口湿地。

(4)湖泊内源污染治理与生境改善工程

在污染源系统控制和清水产流机制修复的基础上，外源污染基本得到控制，但对于富营养化的湖泊，水体的水质、底质、水生态已出现下降或退化趋势，并且湖泊水体污染比较严重，湖区被芦苇、沉水植物占据，水体流动性差，时有“黄苔”发生，因此针对乌梁素海的现状，实施湖泊内源污染治理与生境改善方案。通过环保疏浚和植物收割，最大程度减少内源污染，并通过湖区网格水体的沟通，芦苇、沉水植物的资源化利用及生物多样性保护等措施，实现乌梁素海水体生境全面改善。

①网格水道系统工程规划方案

在控制外源的基础上，通过网格水道开挖，改善乌梁素海流态条件，减少湖区滞水面积，东大滩等水域的大面积滞水区基本消除，无风条件下湖区滞水区面积减少 10 $km^2$ 以上，湖区主流区流场更加平顺。

②芦苇、沉水植物收割及资源化利用

定期对芦苇和水草进行收割，并分别资源化用于造纸、炼油、加工有机饲料、产业化工程示范等。

其中通过生态规划，对芦苇实行园田化管理，开挖隔水通道，控制芦苇区面积，防止芦苇蔓延成片，延缓沼泽化进程，重建绿色自然景观。利用盐碱地、下湿地、荒滩、风蚀坑等低洼地整修后放水育苇；利用化学除草技术杀灭苇片中蒲草，使苇片增产。为了高效管理乌梁素海的苇业资源，在西海岸加固海坝，以保证乌梁素海水位升高时，不致淹没周围农田。根据乌梁素海渔场志资料显示：芦苇控制工程建设是芦苇实行田园化管理的新举措，此项工程可以控制芦苇蔓延，同时又促进芦苇区的自然通风，提高单位面积产量，每年芦苇产量可由 10 万 t 提高到 15 万 t，每吨 430 元，则每年可增加产值 2150 万元，年创利税 1935 万元。

③生物多样性保护

构建鱼类禁捕区，大力发展鱼类自然繁殖和人工养殖水产业，恢复湖泊水生物种的多样性，保持湖泊的生态平衡。在苇丛中按照一定的规则开挖通风道，增加苇田内的通风、透气、通水性，防止苇蒲烂根，污染水体，同时可提高芦苇的产量和质量,也给鱼类的洄游、产卵、繁殖、过冬创造良好的生存环境,为鸟类提供更为适宜的栖息、繁殖场所。为防止乌梁素海发生禽流感疫情,设置 2 个监测站对保护区加强野外生态监测;对散养珍禽归笼圈养,对圈舍内外定期消毒清理,并对圈养等禽类进行抗体检测,适时进行保护性防疫疫苗注射。

④其他生态保护方案

在湖岸、岛屿、堤坝大力植树造林,加快营造人工造林面积,建立综合型防护林带,可涵养湖区水分,减少风沙所造成的危害。在林草带外缘及人畜危害严重地段建立网围栏,防止水土流失,改善湿地周边生态环境,加强环境保护,美化环境,净化空气,保持生态环境稳定。

乌梁素海每年接纳大量的农田退水及工业生活污水,水中携带的悬浮物和湖内大量水生植物的腐烂,由于常年自然沉积,湖泊底部聚积大量淤泥,加速湖底生物填平作用。在湖泊环境发生变化时,底泥中的磷和氮及其他营养盐就重新释放进入水体,对水体水质影响非常大,其释放也可能形成湖泊富营养化。

(5)水土保持治理措施

乌梁素海东岸地处纯牧业地区,20 世纪的乱垦滥伐,过度放牧,造成了土地大面积退化沙化,植被覆盖度明显降低,生态环境趋于恶化,土壤中的大量有机物、动植物腐蚀质及氮、磷、钾等多种营养成分大量流失,随洪水下泄入湖,不仅缩小了乌梁素海的水域面积、淤积河床,土地生产力下降甚至丧失,而且阻塞交通、冲毁农田、村庄等灾害现象时有发生。加之大量沙丘疏松而裸露的沙物质,更加剧了沙尘暴及扬沙天气的形成与发展,给周围农田及当地群众的生产、生活带来极大的危害。

根据当地的水土流失类型和特点,按照已编制的水土保持规划方案,水保类型主要是利用当地乡土种树,以灌草为主,建立防风固沙林及水源涵养林,以减少进入乌梁素海的泥沙,确保乌拉特前旗城镇供水水源地的清洁卫生。

通过水土保持治理措施,在乌梁素海东岸种草、种树,构筑防洪土坝(兼做公路),加强东岸的水土保持。首先,拦蓄地表径流,减少侵蚀动能,改善土壤理化性,增加入渗量,已达到固持土壤,拉蓄山洪,削减洪峰,减少泥沙、风沙入河入海,防止乌拉山山洪泥沙对乌梁素海造成的淤积,从而达到保土、保肥的目的。另外,淤澄下的泥沙沉积层又是上好的耕地,可栽植生态防护林,彻底减缓乌拉山山洪泥沙对乌梁素海的淤积速度。据计算,各项水土保持措施实施后,每年可拦径流 132.59 万 $m^3$,减少输沙量 97.65 万 t,可有效减轻洪水泥沙对下游乌梁素海的影响,蓄水保土效果明显。其次,可提高林草覆盖率、降低风速,还有效防止土地沙化,减少沙尘天气次数,改善农田气候,提高农业产量。通过小流域综合治理,减轻水土流失,生态环境趋向良性循环,干旱、洪水、风沙等自然灾害减轻,降低自然灾害发生频率,提高当地农、林、牧业生产规模,加快农牧民脱贫达小康的步伐。

(6)湖泊及其流域管理与能力建设

形成乌梁素海湖泊及流域管理与能力建设体系，构建来水水质保障应急体系，加强宣传教育，提高流域内居民环保意识，实施生态文明建设。技术路线如图 11-2 所示。

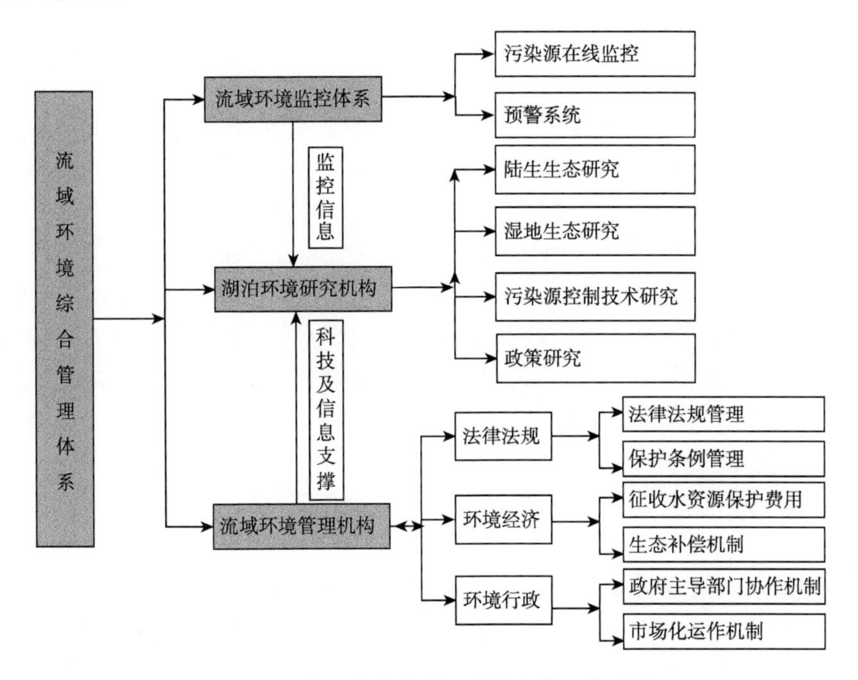


图 11-2 乌梁素海流域环境综合管理体系图

## 11.3 乌梁素海生态安全调查与评估主要结论

(1)乌梁素海在保障黄河中上游及西部生态安全和维护内蒙古民族地区稳定方面具有重要战略地位，但目前乌梁素海生态需水量不足，盐分逐年累积，富营养化严重，沼泽化趋势加剧，水质常年为劣Ⅴ类，抢救乌梁素海刻不容缓。

(2)按照“生态补水，控源减污、生态修复、资源利用、持续发展”的思路，近期控制主要污染源、保障生态用水、遏制水质下降趋势；远期控制内源、恢复水生态、稳定水质在Ⅳ类以上水平。

(3)针对乌梁素海生态需水不足，充分挖掘节水潜力，提高补水工程绩效，同时通过生态补水，缓解湖区盐分累积和改善水质。

(4)以乌梁素海水环境容量和承载力进行区域总量控制；将容量总量按照分区贡献进行削减量分配；依据污染源贡献设置重点工程，明确减排要求。创新乌梁素海污染综合防治技术和管理策略。

(5)在生态需水得到保障,外源污染确保得到控制的前提下,加强内源污染治理和生境改善,从而确保水质改善和水生态系统健康,使区域经济社会可持续发展。

## 11.4 乌梁素海治理展望

乌梁素海生态环境污染并非是一朝一夕所造成的,所以要想重现昔日水草肥美、鱼欢鸟翔的美丽景致也非短时间内可以实现。乌梁素海的生态环境治理是一项集经济、社会和生态效益为一体的综合性、系统的、长期的、艰巨的工程。

为了改善和保护乌梁素海生态环境持续发展,除了加强各种工程或非工程修复措施外,还需进一步强化管理措施,建立权威、高效、协调有序的水资源管理体制与运行机制,逐步理顺乌梁素海生态产业园区管委会及内蒙古乌梁素海实业发展股份有限公司的体制和机制,健全完善内部机构设置,优化组合班子结构,细化管理职能,落实管理任务,职责明确,责任到人,确保项目建设管理及建后运行管理有序推进。

希望通过乌梁素海生态保障方案实施和对乌梁素海全面综合治理后,使乌梁素海维持和谐的生态系统,湖区湖水退水畅通、芦苇和沉水植物蔓延能得到有效控制、湖水矿化度和富营养化程度降低、湿地资源和生物多样性得到有效的保护,湖水水质和水体环境能得到明显改善、生物填平作用显著减弱,沼泽化进程延缓,盐碱化程度减小,湖周居民生活环境质量有所改善,湖泊资源优势得以利用,实现乌梁素海湿地生态系统良性循环;使乌梁素海集生态屏障、渔业资源、风景旅游、灌排降解、净化水质,以及为野生动物提供栖息地、维护生物多样性等方面多功能性再次得到充分发挥,再现乌梁素海景观环境优美、资源开发利用合理的草原绿色湖泊;为能够更好地开发旅游资源,开展生态旅游创造良好条件;对带动周边地区的经济增长和改善农民的生活水平发挥重要作用。

# 参考文献


安贞煜,2007.洞庭湖生态系统健康评价及其生态修复[D].长沙:湖南大学.

包丽华,2003.乌梁素海作为黄河补给水源的作用及凌汛期引黄蓄水的探讨[D].呼和浩特:内蒙古大学.

常哲敏,陈亮,2012.乌梁素海旅游业发展与湖泊影响分析[J].北方环境,**28**(6):131-133.

戴学芳,2014.基于遥感影像的乌梁素海叶绿素 a 浓度及“黄苔”监测研究[D].呼和浩特:内蒙古工业大学.

邓伟,胡金明,2003.湿地水文学研究进展及科学前沿问题[J].湿地科学(1):12-20.

董培海,李伟,2011.旅游资源开发潜力评价方法及其指标体系构建问题初探[J].旅游论坛,**4**(5):22-28.

段晓男,王效科,欧阳志云,2005.乌梁素海湿地生态系统服务功能及价值评估[J].资源科学,**27**(2):110-115.

方洋,2012.高密度蓝藻堆积消亡对太湖局部黑臭水体形成的影响[D].南京:东南大学.

冯海云,2009.滨海新区湿地生态系统服务功能价值评估与退化诊断研究[D].天津:南开大学.

冯洁娉,2008.广州海域浮游植物群落结构的变化规律及其影响因素[D].青岛:中国海洋大学.

冯丽红,2011.乌梁素海生态健康评估[D].呼和浩特:内蒙古大学.

冯素珍,2008.乌梁素海水环境质量综合评价[D].呼和浩特:内蒙古农业大学.

冯素珍,李畅游,2010.内蒙古乌梁素海污染源调查研究[J].中国农村水利水电(4):125-128.

戈锋,叶春,冯冠宇,等,2010.基于熵权综合健康指数法的太湖湖滨带水生态系统研究[J].内蒙古师范大学学报:自然科学版,**39**(6):623-626.

韩晓莉,2006.湿地生态需水量研究——以乌梁素海为例[D].北京:北京交通大学.

郝林,2011.大型浅水草型湖库——乌梁素海的生态灾变评估[D].呼和浩特:内蒙古大学.

郝林,路全忠,冯丽红,2011.乌梁素海近年“黄苔”暴发情况、成因及危害性分析[J].北方环境(8):30-32.

郝林,路全忠,冯丽红,2011.鱼类种群及鱼产量变化对乌梁素海渔业资源发展的影响[J].北方环境(9):155-156.

郝伟罡,2006.乌梁素海湿地经济价值及水污染损失分析研究与定量计算[D].呼和浩特:内蒙古农业大学.

何连生,2013.乌梁素海综合治理规划研究[M].北京:中国环境出版社.

侯姗姗,王鹏新,2010.利用地形图对 TM 遥感影像进行几何精校正的方法研究[J].北京测绘(2):27-31.

贾新艳,2010.乌梁素海湿地鸻形目鸟类资源调查、迁徙动态及普通燕鸥、白额燕鸥的繁殖生态学研究[D].呼和浩特:内蒙古师范大学.

姜忠峰,2011.乌梁素海综合需水分析及生态系统健康评价[D].呼和浩特:内蒙古农业大学.

姜忠峰,李畅游,张生,等,2011.改进 AHP 法在乌梁素海生态系统服务功能评价中的应用[J].干旱区资源与环境,**25**(1):135-139.

金相灿,等,1995. 中国湖泊环境[M]. 北京:海洋出版社.

金相灿,王圣瑞,席海燕,2012. 湖泊生态安全及其评估方法框架[J]. 环境科学研究,**25**(4):357-362.

康志文,童伟,王云霞,等,2012. 乌梁素海生态系统结构与功能变化趋势分析[J]. 北方环境,**27**(5):74-78.

孔红梅,赵景柱,姬兰柱,等,2002. 生态系统健康评价方法初探[J]. 应用生态学报,**13**(4):486-490.

李畅游,武国正,李卫平,等,2007. 乌梁素海浮游植物调查与营养状况评价[J]. 农业环境科学学报,**26**(B03):283-287.

李恒利,2007. 土地利用调查与动态监测的遥感方法研究[D]. 太原:太原理工大学.

李建茹,李畅游,李兴,等,2013. 乌梁素海浮游植物群落特征及其与环境因子的典范对应分析[J]. 生态环境学报(6):1032-1040.

李珂,2011. 乌梁素海湿地的景观评价研究[D]. 武汉:武汉理工大学.

李鲁欣,邓祥征,战金艳,等,2008. 鄱阳湖流域生态系统服务功能重要性评价——基于 AHP 分析方法[J]. 安徽农业科学,**36**(20):8786-8787.

李兴,勾芒芒,2011. 乌梁素海污染负荷动态变化分析[J]. 人民黄河,**33**(8):83-85.

李旭英,尚士友,倪志华,等,2005. 内蒙古乌梁素海湿地演化遥感动态分析研究[J]. 内蒙古农业大学学报:自然科学版,**26**(1):27-29.

李亚男,2014. 湖库生态安全综合评估[D]. 杭州:浙江大学.

李哲,王平,2014. 乌梁素海的环境问题及对策[J]. 环境与发展(Z1):96-98.

梁京涛,2009. 遥感在土地利用/覆被动态监测中的应用[J]. 四川地质学报,**29**(1):111-114.

刘鸿亮,1986. 中国的水环境问题及其污染控制对策[J]. 环境科学研究(1):1-5.

刘娴,2006. 广东典型城市湖泊浮游植物特征及其对水生植被修复的响应[D]. 广州:暨南大学.

刘晓辉,吕宪国,2009. 湿地生态系统服务功能变化的驱动力分析[J]. 干旱区资源与环境,**23**(1):24-28.

刘晓艳,倪峰,周玉红,2012. 基于 MODIS 的太湖蓝藻水华暴发时空规律分析研究[J]. 南京师大学报:自然科学版,**35**(1):89-94.

刘孝富,邵艳莹,崔书红,等,2015. 基于 PSFR 模型的东江湖流域生态安全评价[J]. 长江流域资源与环境,**21**(Z1):197-200.

刘永,郭怀成,戴永立,等,2004. 湖泊生态系统健康评价方法研究[J]. 环境科学学报,**24**(4):723-729.

刘庄,郑刚,张永春,等,2009. 流域社会经济活动对太湖的生态影响分析[J]. 生态与农村环境学报,**25**(1):27-31.

吕明权,王继军,周伟,2012. 基于最小数据方法的滦河流域生态补偿研究[J]. 资源科学,**34**(1):166-172.

马燕,王俊峰,2015. 乌梁素海环境现状、存在问题及治理措施[J]. 科技与企业(14):116-116.

毛锋,李晓阳,张安地,等,2009. 湖库生态安全综合评估的方法探析[J]. 北京大学学报:自然科学版,**45**(2):327-332.

毛旭锋,崔丽娟,张曼胤,2013.基于 PSR 模型的乌梁素海生态系统健康分区评价[J].湖泊科学,**25**(6):950-958.

缪丽梅,张笑晨,刘鹏斌,等,2014.乌梁素海生态休闲渔业和生态旅游开发探讨[J].内蒙古农业科技(1):85-88.

莫日根,童伟,段瑞琴,等,2012.乌梁素海生态环境存在的问题和治理措施[J].北方环境(4):18-22.

内蒙古水产研究所,南开大学生物系.1986.乌梁素海哈素海渔业资源考察集[M].开津:南开大学出版社.

潘艳秋,李璐,张华颖,2011.乌梁素海湿地鸟类栖息地生态服务功能评估探讨[J].北方环境,**23**(1):36-38.

潘艳秋,邢莲莲,杨贵生,2006.近十年来乌梁素海湿地鸟类区系演变初探[J].内蒙古大学学报:自然科学版,**37**(2):170-174.

任平,2007.生态系统服务功能价值计算模块设计[D].西安:陕西师范大学.

隋群,2014.山东省湿地生态系统服务功能价值评价[D].济南:山东师范大学.

孙晓丽,2009.乌梁素海水生态系统修复方案的流场和浓度场模拟研究[D].西安:西安理工大学.

孙小祥,2010.江苏盐城滨海湿地景观格局变化与模拟[D].南京:南京农业大学.

陶如钧,盛晟,韩万玉,2013.中小流域水环境综合整治的思路与方法[C].2013 中国给水排水杂志社年会暨饮用水安全保障及水环境综合整治高峰论坛,219-224.

王刚,2012.乌梁素海生态需水及补水策略研究[D].郑州:华北水利水电大学.

王宏,李晓兵,莺歌,等,2006.基于 NOAA NDVI 的植被生长季模拟方法研究[J].地理科学进展,**25**(6):21-32.

王晖,陈丽,陈垦,等,2007.多指标综合评价方法及权重系数的选择[J].广东药学院学报,**23**(5):583-589.

王磊,刘金鑫,2010.河南省白龟山水库滨湖带土地利用对生物多样性的影响[J].安徽农业科学,**38**(4):1962-1964.

王丽,2006.乌梁素海水环境现状评价与容量研究[D].呼和浩特:内蒙古农业大学.

王利利,2006.水动力条件下藻类生长相关影响因素研究[D].重庆:重庆大学.

王甡,江南,胡斌,等,2008.太湖蓝藻水华遥感动态监测预警信息系统[J].地球信息科学,**10**(2):147-150.

王圣瑞,郑丙辉,金相灿,等,2014.全国重点湖泊生态安全状况及其保障对策[J].环境保护,**42**(4):39-42.

王薇,陈为峰,李其光,等,2012.黄河三角洲湿地生态系统健康评价指标体系[J].水资源保护,**28**(1):13-16.

乌日娜,李兴华,韩芳,等,2006.遥感技术在土壤墒情监测中的应用[J].内蒙古气象(2):29-30.

武国正,李畅游,2008.内蒙古乌梁素海浮游动物与底栖动物调查[J].湖泊科学,**20**(4):538-543.

武捷春,2015.基于 MODIS 数据的乌梁素海"黄苔"预警研究[D].呼和浩特:内蒙古工业大学.

肖进，贺昌政，杨华，2005. 人力资源绩效考核分析[J]. 商业研究(21)：123-127.

邢莲莲，1996. 内蒙古乌梁素海鸟类志[M]. 呼和浩特：内蒙古大学出版社.

徐志新，郭怀成，郁亚娟，等，2007. 基于多准则群体决策模型的生态工业园区建设模式决策研究[J]. 环境科学研究，**20**(2)：123-129.

杨成玉，2008. 莫莫格国家级自然保护区湿地生态系统服务功能价值评估[D]. 长春：东北师范大学.

杨贵生，邢莲莲，颜重威，等，1999. 乌梁素海湿地鸟类新记录[J]. 内蒙古大学学报(自然科学版)(6)：739-740.

杨琼，2013. 乌梁素海夏季和秋季浮游植物群落及其与水质关系研究[D]. 呼和浩特：内蒙古大学.

杨煜，李云梅，王桥，等，2009. 富营养化的太湖水体叶绿素 a 浓度模型反演[J]. 地球信息科学学报，**11**(5)：597-603.

杨志岩，2009. 大型挺水植物对乌梁素海营养元素去除能力研究[D]. 呼和浩特：内蒙古农业大学.

尹琳琳，贾克力，史小红，等，2014. 乌梁素海大气重金属沉降入湖通量初步估算[J]. 湖泊科学(6)：931-938.

于瑞宏，2003. 乌梁素海水环境评价及遥感解译分析研究[D]. 呼和浩特：内蒙古农业大学.

于淑燕，2008. 乌梁素海环境系统评估指标体系的建立及应用[D]. 呼和浩特：内蒙古农业大学.

张奋清，王丽敏，吴利斌，等，2004. 乌梁素海氮循环转化过程的初探[J]. 内蒙古农业大学学报：自然科学版，**25**(2)：31-34.

张富玲，2011. 基于 3S 技术的湿地生态系统健康评价研究——以祁连山黑河源区为例[D]. 西宁：青海师范大学.

张丽华，戴学芳，包玉海，2015. 基于 TM 影像的乌梁素海叶绿素 a 浓度反演[J]. 环境工程，**33**(204)：133-138.

张丽华，武捷春，包玉海，2016. 基于 MODIS 数据的乌梁素海水体遥感监测[J]. 环境工程，**34**(213)：161-165.

张丽华，徐锟，包玉海，2016. 基于 MODIS 的乌梁素海“黄苔”监测预警系统[J]. 环境工程(录用待刊).

张世坤，赵希林，霍庭秀，2010. 乌梁素海“黄苔”成因与防控对策[J]. 中国水利(7)：28-30.

张松，郭怀成，盛虎，等，2012，河流流域生态安全综合评估方法[J]. 环境科学研究，**25**(7)：826-832.

张雯颖，2014. 乌梁素海营养盐在水体中的分布规律及污染预测研究[D]. 呼和浩特：内蒙古农业大学.

张岩，2012. 乌梁素海结冰过程中污染物迁移机理及其应用研究[D]. 呼和浩特：内蒙古农业大学.

赵永宏，邓祥征，吴锋，等，2011. 乌梁素海流域氮磷减排与区域经济发展的均衡分析[J]. 环境科学研究，**24**(1)：110-117.

赵紫阳，蔡玉梅，邹晓云，2011. 重庆市燕坝村土地利用现状分类体系[J]. 中国土地科学(12)：40-47.

甄小丽,2008.灰色系统理论在乌梁素海水环境研究中的应用[D].呼和浩特:内蒙古农业大学.

郑伟,等,2010.内蒙古乌梁素海"黄苔"暴发卫星遥感动态监测[J].湖泊科学,**22**(3):321-326.

中国环境科学研究院,2012.湖泊生态安全调查与评估[M].北京:科学出版社.

钟振宇,2010.洞庭湖生态健康与安全评价研究[D].长沙:中南大学.

周莹,2009.滨海地区水管理对社会经济影响的评价研究[D].泰安:山东农业大学.

朱琳,2007.渤海湾的生态环境压力与管理对策研究[D].天津:天津大学.

BOX,G. E. P,COX. D. R. ,1964. An analysis of transformations[J]. *J. Roy. Statist.* Soc. B-**26**:211-252.

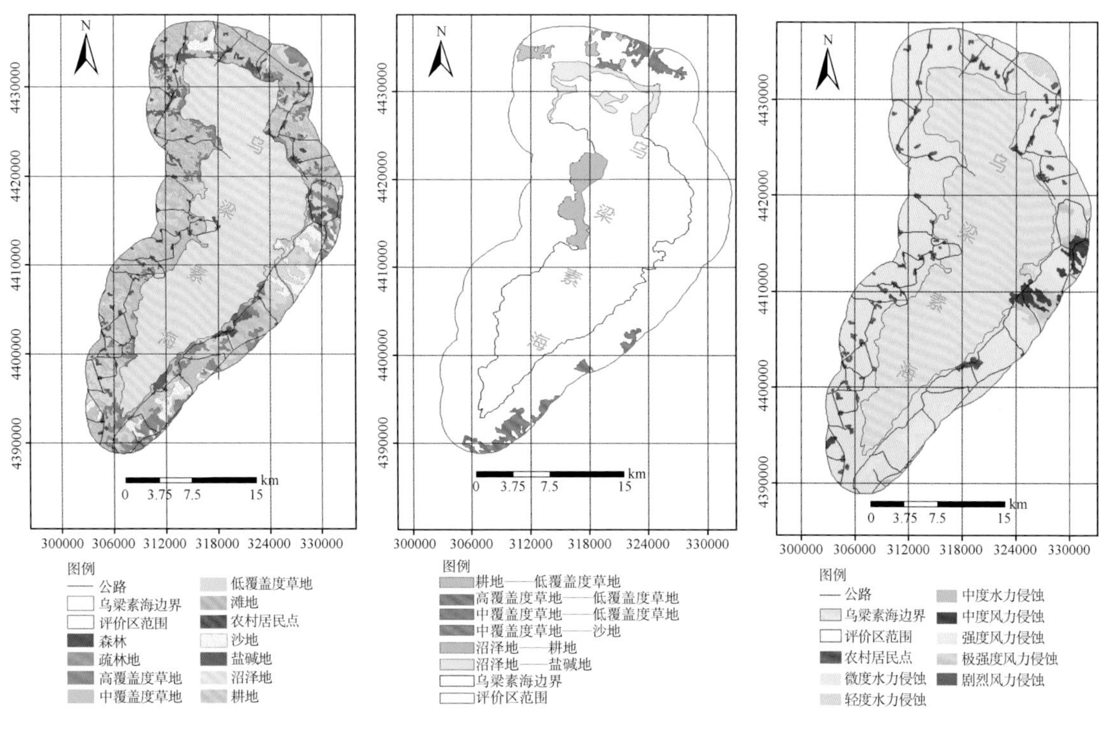


图 3-1 评价区土地利用现状图

图 3-2 评价区土地利用变更图

图 3-3 评价区土壤侵蚀现状图

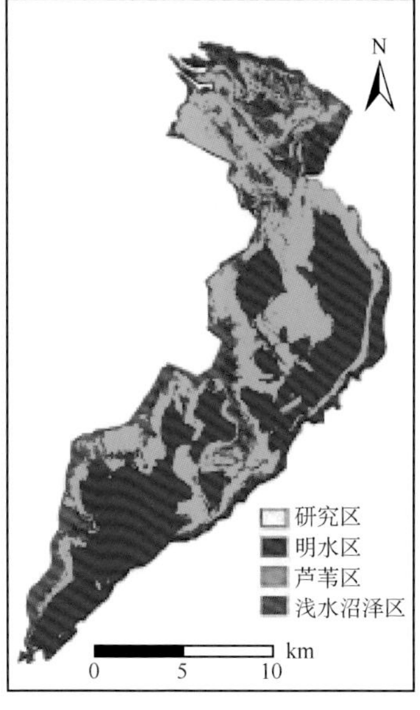


图 3-5 1986 年 8 月 9 日乌梁素海湿地的 TM 遥感影像及类型区的监督分类结果

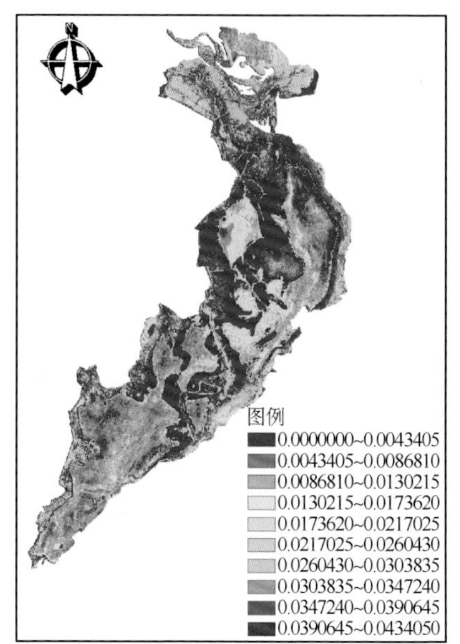


图 10-4 2009 年 7 月 23 日乌梁素海叶绿素 a 浓度分布图

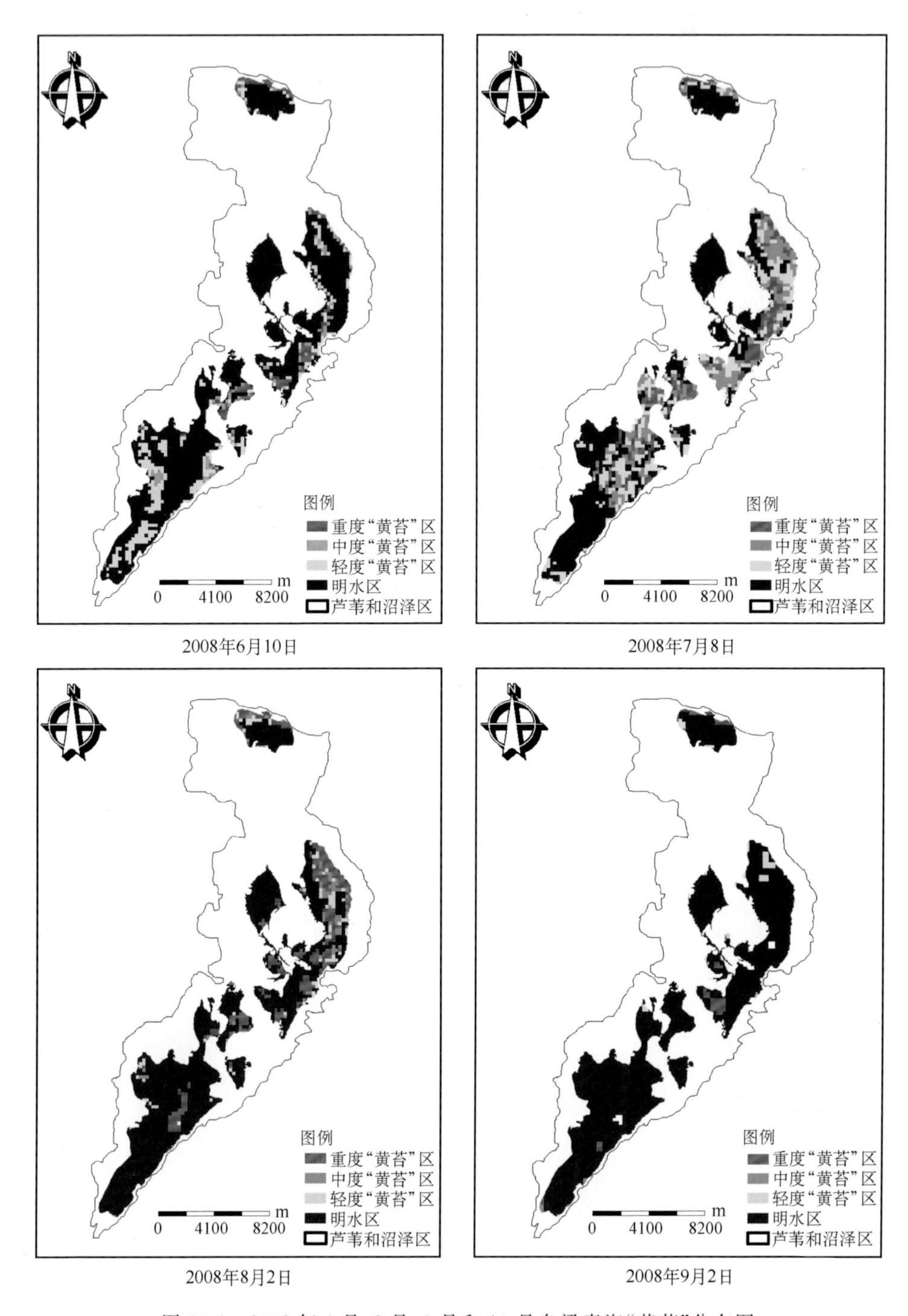


图 10-6 2008 年 6 月、8 月、9 月和 10 月乌梁素海“黄苔”分布图